青少年心理自助文库
疗愈丛书

哀伤

我寄愁心与明月

师风玉/著

帮助人们在人生所失的哀伤中释怀的经典读物，
帮助你真正走出哀伤，重拾快乐。

中国出版集团　现代出版社

图书在版编目(CIP)数据

哀伤:我寄愁心与明月 / 师风玉著. —北京:现代出版社,2013.12
(青少年心理自助文库)
ISBN 978-7-5143-1962-0

Ⅰ.①哀… Ⅱ.①师… Ⅲ.①散文集 - 中国 - 当代
Ⅳ.①I267

中国版本图书馆 CIP 数据核字(2013)第 313648 号

作　　者	师风玉
责任编辑	陈田田
出版发行	现代出版社
通讯地址	北京市安定门外安华里 504 号
邮政编码	100011
电　　话	010 - 64267325 64245264(传真)
网　　址	www.1980xd.com
电子邮箱	xiandai@ cnpitc. com. cn
印　　刷	北京中振源印务有限公司
开　　本	710mm×1000mm　1/16
印　　张	14
版　　次	2019 年 4 月第 2 版　2019 年 4 月第 1 次印刷
书　　号	ISBN 978-7-5143-1962-0
定　　价	39.80 元

为什么当今一部分青少年拥有丰富的物质生活却依然不感到幸福、不感到快乐？怎样才能彻底走出日复一日的身心疲惫？怎样才能活得更真实、更快乐？我们越是在喧嚣和困惑的环境中无所适从，越觉得快乐和宁静是何等的难能可贵。其实"心安处即自由乡"，善于调节内心是一种拯救自我的能力。当我们能够对自我有清醒的认识，对他人能宽容友善，对生活无限热爱的时候，一个拥有强大的心灵力量的你将会更加自信而乐观地面对一切。

青少年是国家的未来和希望。对于青少年的心理健康教育，直接关系到其未来能否健康成长，承担建设和谐社会的重任。作为学校、社会、家庭，不仅要重视文化专业知识的教育，还要注重培养青少年健康的心态和良好的心理素质，从改进教育方法上来真正关心、爱护和尊重青少年。如何正确引导青少年走向健康的心理状态，是家庭、学校和社会的共同责任。心理自助能够帮助青少年改善心理问题，获得自我成长，最重要之处在于它能够激发青少年自觉进行自我探索的精神取向。自我探索是对自身的心理状态、思维方式、情绪反应和性格能力等方面的深入觉察。很多科学研究发现，这种觉察和了解本身对于心理问题就具有治疗的作用。此外，通过自我探索，青少年能够看到自己的问题所在，明确在哪些方面需要改善，从而"对症下药"。

我们常听到"思路决定出路，性格决定命运"的名言，"思路"是指一个人做事的思维和发展的眼光，它决定了个人成就的大小；"性格"是指一个人的

品格和心胸,做事要成功,做人必先成功。一个做人成功的人,事业才可能有长足的发展。

记得有位哲人曾说:"我们的痛苦不是问题本身带来的,而是我们对这些问题的看法产生的。"这句话正好体现了"思路"两字的含义。有时候我们由于视野的不开阔,看问题容易局限在某个小范围,而自己可能也就是在这个小范围内执意某些观点,因此导致自己无法找到出路而痛苦。如果我们能在面对问题时,让视野更开阔一些,看问题更加深入一些,或许我们会产生新的思路,进而能找到新的出路。

视野的开阔在一定程度上决定了思路的萌发。从某种程度上看,思路已是在你大脑中形成的对问题解决的模型,在思路实施前,自己已经通过自身的知识在大脑中做了模拟实施和预测判断。但无论是模型的形成,还是预测判断,都离不开自身的知识结构。知识结构越完善,自己的视觉就越开阔,就越能把握问题的本质,更加容易萌发新的思路。知识储备的广度在一定程度上决定了思路的高度。

本丛书从心理问题的普遍性着手,分别论述了性格、情绪、压力、意志、人际交往、异常行为等方面容易出现的一些心理问题,并提出了具体实用的应对策略,以帮助青少年读者驱散心灵的阴霾,科学调适身心,实现心理自助。

本丛书是你化解烦恼的心灵修养课,可以给你增加快乐的心理自助术;本丛书会让你认识到:掌控心理,方能掌控世界;改变自己,才能改变一切;只有实现积极的心理自助,才能收获快乐的人生。

C目录
ONTENTS

第一篇

成长总会有代价

不要抱怨生活给予了太多的磨难，不必抱怨生命中有太多的曲折。生命只是一个过程，从出生到死亡，我们都只是在履行我们作为一个生命体所应承担的责任和义务。

大海如果失去了巨浪的翻滚，就会失去雄浑；沙漠如果失去了飞沙的狂舞，就会失去壮观；人生如果仅去求得两点一线的一帆风顺，生命也就会失去存在的魅力。

一切的一切，都只是一个过程，回头再看时，它不过是过眼的烟云，轻微得不值一提。

一切只是过程

　　生命只是一个过程,从出生到死亡,我们都只是在履行我们作为一个生命体所应承担的责任和义务。对于浩瀚无穷的宇宙来说,我们每个人都只是来看一下风景便离开的,我们的生命只是一个小小的过程,甚至只是一个瞬间。因此,一切都不要太在乎了,顺其自然,每一天、每一小时、每一分钟都让它自然地过渡,得与失也就变得不那么重要!不要太在乎,是你的,逃也逃不掉;不是你的,想抓也抓不牢;太阳每天早晨都会升起,每天夜晚都会降落;星星也每晚都在天上,只是,有时候被黑暗和云层遮住了,我们看不见!

　　不要太在乎,不管别人的闲言碎语,不要太计较自己的得与失;不管是中听的还是难听的语言,都把它当成是善意的谎言,默默地倾听,怀着善意去理解,别人快乐自己也快乐!

　　不要太在乎,过去的无论是成功还是失败,都已经成为历史;未来的每一天还需要我们好好珍惜和把握;回顾昨天,吸取教训收藏经验;珍惜今天,善待别人,也善待自己;期待明天,又是一个崭新的开始!

　　不要太在乎,不用理会别人对自己的评价;自己走自己的路,让别人去说吧;只要自己站得直,行得正,就永远都要相信自己!

　　不要太在乎,这是个新奇的世界,每时每刻也都在发生着新鲜的人和事;不要羡慕别人的丰功伟绩,因为那是别人的,是羡慕不来的;也不要随意去对一个人指指点点、说长道短,很多时候保持沉默就是一种最高贵的气质!

　　不要太在乎,得意时淡然,失意时坦然;多说有意义的话,多做有意义的事;不要因为自己一个人来来去去,便觉得孤单,把每天的走路当成是自己一个人的徒步旅行,其乐融融;学会享受寂寞,忍受孤独,一个人行走,也会发出耀眼的光芒!

　　不要太在乎,和很多人在一起相处,要学会多观察少说话;如果有人有

得罪自己的地方,也要学会宽容,学会忍让,学会化敌为友;对待朋友,不要怕吃亏,而要把吃亏当成是一种福气,珍惜友谊!

不要太在乎,犯了错,就在心里好好总结,争取同样的错误不要再犯,还要有勇气承认自己的错误,并且有勇气请求别人的谅解;当别人犯了错,也要有勇气去宽容!

不要太在乎,即使跟别人发生了矛盾,产生了争执,也要适可而止,不要浪费别人和自己的时间;时间就是生命,浪费别人的时间就等于间接地谋杀别人的生命;而浪费自己的时间,也是在缩短自己的生命。每个人的生命都是何其短暂而宝贵啊!

不要太在乎,要学会"静看闲庭花开花落,坐观天上云卷云舒";对这个世界,对每一个人和每一件事,都抱以平常心;而对于自己喜欢的人和物,不要强求,"得之我幸;不得我命"! 真的对一切都不要太在乎,生命只是一个过程,每个人不管活着的时候多么风光、多么迷人、多么富有,早晚都会有老去、死去的时候;因此,请珍惜吧,珍惜自己,珍惜别人,珍惜活着的每一个瞬间,珍惜我们的每一份感动!

人人都说"活得好累",其实这是因为"太在乎"的缘故。

人人都想使自己像老虎和猫一样强大,不愿像羊和老鼠一样弱小。因为弱小者都会被强大者吃掉。所以,一个人在乎自己或周围的人和事,这没有什么不好,这也是做人所必备的优良品质之一。从心理上分析,这是一个人想要成功、变得强大的一种心理愿望。然而,由于过度地在乎,即做人"太在乎",反而将"在乎"变成了一种心理负担,从而不再快乐,活得太累也就是自然的事了。

做人,太在乎,是拿得起放不下。因为拿得起,把什么都放在心上,所以成功的愿望非常强烈;因为放不下,害怕失败,怕输不起,所以做人就做得很累。

其实,人生有时举足轻重,有时又微不足道;或誉或毁,或沉或浮,或荣或辱,或成或败,对一切都不必太在意,保持做人的本色,活得轻松、自在、快乐。

做人不要太在乎,并不是游戏人生,作一切都毫不在乎状,而是意在强调不要太在乎。太在乎了,一个人往往就会被所在乎对象所累,活得极不轻松,当然也就谈不上拥有自己生命的质量。在人生的道路上,真的有很多的

事情在你不经意的情况下突然发生,让你措手不及,只要我们生活得有价值,对于一些事情我们真的不要太在乎!只有这样才会活得潇洒、豁达,活得轻松愉快,我们才可以拥有一张健康的心电图,才会拥有通向美好的通行证!

人生是个曲折的过程,有得有失,有升有沉,古往今来,演绎了千千万万的宠辱故事,可又有谁能数得清呢?只要我们宠亦淡然,辱亦泰然,学会从容面对,不要太在乎,一切生活真的会过得很开心。

一切的成败又如何呢?何必那么在乎呢?智者有点金之石,说:失败是成功之母,如果不能正确地对待成功,那么成功也可变成失败之母,在这个令人多少有点窒息,现实的社会氛围中,既不骄纵自己,也不要太自以为是,也不要颓废自己就好,人生真的不要太在乎!

在乎人言吗?走自己的路,让别人说去吧!挺起脊梁,堂堂正正地做人,自己该想做什么就做什么,那些不涉原则的纷争、鸡零狗碎的恩怨、飞短流长的中伤,只是生活中的小插曲,不要去在乎这些所谓的插曲!

人生一世,不如意事十之八九,哪里可能处处是一致的,事事无怨无艾,人人对你理不理解有什么关系,只要学会自我调节,就能化解块垒,轻松面对。因此,不在乎,也是一种解脱!

心灵悄悄话

> 拿得起,放得下;甩得开,浮去心灵的灰暗和浮躁,让精神的天空一碧万里,云卷云舒,心里也明澈淡定!人生真的不要太在乎,那样我们都会活得很开心。

坚持背后的美丽

　　有这样一句话,人活在世,最能体现你人生价值的不是你成功了多少次,而是你面对打击与磨难,战胜了多少次。看到这句话的时候突然想到了曾经听过的另外一句话,那就是"100 次被打倒,第 101 次选择站起来!"

　　在人生的道路上,我们总会经历这样或那样的困难,打击、磨难、成功与失败,在每一次的交锋与挑战中,有多少人选择了勇敢地走过去;又有多少人选择了就此放弃;有多少人选择了另辟蹊径;又有多少人从此萎靡不振。当挫折与打击迎面而来的时候,人的本能的第一反应就是放弃,但是一个人如果能够坚强,在他冷静过后他选择重新站立,重新面对,勇敢地走过去,反之则会就此倒下,永远地放弃。

　　性格决定命运,也是性格的使然,自己一直喜欢进行自我挑战,也正是一次次的自我挑战才造就了今天的自己,因为一直都认为不同的人,潜在的能力也不同。而唯一相同的是没有人真正知道自己的潜能到底有多大。有的人活一辈子都没能真正地了解自己潜在的能量,这样的人注定只有庸庸碌碌地过一生。而有的人一次又一次地挑战着自己的能力极限,这样的人又注定了其辉煌灿烂的人生轨迹。

　　当面对困难的时候,我们真正缺少的只是再一次的坚持,也许你坚持了,你就收获了意想不到的结果,你也就领略了坚持背后的美丽;如果你放弃了,可能你一辈子都不会知道坚持的背后是什么,但是这里的坚持不是盲目的坚持。曾经无数次地告诉自己,对于生命中不属于自己的东西,不逃避也不强求,因为强求的结果除了伤了自己,什么都不会留下,但是对于属于自己的东西一定要执着地追求,并且永不轻言放弃。

　　20 世纪 70 年代是世界重量级拳击史上英雄辈出的年代。四年来未登上拳台的拳王阿里此时体重已超过正常体重 20 多磅,速度和耐力也已大不

如前，医生给他的运动生涯判了"死刑"。然而，阿里坚信"精神才是拳击手比赛的支柱"，他凭着顽强的毅力重返拳台。

　　1975年9月30日，33岁的阿里与另一拳坛猛将弗雷泽第三次较量（前两次一胜一负）。在进行到第14回合时，阿里已精疲力竭，濒临崩溃的边缘，这个时候一片羽毛落在他身上也能让他轰然倒地，他几乎再无丝毫力气迎战第15回合了。然而他拼着性命坚持着，不肯放弃。他心里清楚，对方和自己一样，也是只有出的气了。比到这个地步，与其说在比气力，不如说在比毅力，就看谁能比对方多坚持一会儿了。他知道此时如果在精神上压倒对方，就有胜出的可能。于是他竭力保持着坚毅的表情和誓不低头的气势，双目如电，令弗雷泽不寒而栗，以为阿里仍存着体力。这时，阿里的教练邓迪敏锐地发现弗雷泽已有放弃的意思，他将此信息传达给阿里，并鼓励阿里再坚持一下。阿里精神一振，更加顽强地坚持着。果然，弗雷泽表示"俯首称臣"，甘拜下风。裁判当即高举阿里的臂膀，宣布阿里获胜。这时，保住了拳王称号的阿里还未走到台中央便眼前漆黑，双腿无力地跪在了地上。弗雷泽见此情景，如遭雷击，他追悔莫及，并为此抱憾终生。

　　在最艰难，也是最关键的时刻，阿里坚持到胜利的钟声敲响的那一刻，成就了他辉煌人生中的又一个传奇。

心灵悄悄话

　　人，需要勇气与毅力，因为那是实现自我的条件，也需要爱心与乐观，因为那是完成自我的前提，更需要坚持与执着，因为那也是实现生命价值的必须。

用一生的时间去等待绽放

生长在非洲荒漠地带的依米花，默默无闻，少有人注意过它。许多旅人以为它只是一株草而已。但是，它会在一生中的某个清晨突然绽放出美丽的花朵。那是无比绚丽的一朵花，似乎要占尽人世间所有色彩一样。它的花瓣儿呈莲叶状儿，每瓣自成一色：红、白、黄、蓝，与非洲大地上空的毒日争艳。但是，它的花期很短，最多只有两天。两天后它就会随着母株一起枯萎，开花意味着它的生命的终结。

在非洲的荒漠地带，植物的生长需要水分，而开花的植物对水分的需求更大。非洲一般植物都用庞大的根系采水，以供自身的水分需求。但是依米花没有根系，它只有唯一的一条主根，孤独地蜿蜒盘曲着钻入地底深处，寻找有水的地方。那需要幸运和顽强努力，一株依米花往往需要四至五年的时间在干燥的沙漠里寻找水源，然后一点点积聚养分，在完成蓓蕾所需要的全部养分后，它开花了！所以在它最美丽的时候，它因耗尽了自己所有的养分而凋零。

用五年的时间为开一朵花努力，这是何等顽强而心酸的过程。假若依米花生长在水草丰沃的地方，它将会美丽一辈子的，偏偏，它的家乡在荒漠。

在这个世界上，万物都有灿烂一回的时候，这是上苍赐给万物的权利。

人要比依米花智慧和理性，人想灿烂一回的理想要比依米花更强烈。但我们却往往缺乏不屈不挠的努力，在遭遇困难和阻挠的时候，往往接受环境给予自己安排的命运。

有一个年轻人，从很小的时候起，他就有一个梦想，希望自己能够成为一名出色的赛车手。他在军队服役的时候，曾开过卡车，这对他熟练驾驶技术起到了很大的帮助作用。

退役之后，他选择到一家农场里开车。在工作之余，他仍一直坚持参加

一支业余赛车队的技能训练。只要有机会遇到车赛，他都会想尽一切办法参加。因为得不到好的名次，所以他在赛车上的收入几乎为零，这也使得他欠下一笔数目不小的债务。

那一年，他参加了威斯康星州的赛车比赛。他撞到车道旁的墙壁上，赛车在燃烧中停了下来。

当他被救出来时，手已经被烧焦，鼻子也不见了，体表烧伤面积达40%。医生给他做了7个小时的手术之后，才使他从死神的手中挣脱出来。

经历这次事故，尽管他的性命保住了，但他的手萎缩得像鸡爪一样。医生告诉他说："以后，你再也不能开车了。"

然而，他并没有因此而灰心绝望。为了实现那个久远的梦想，他决心再一次为成功付出代价。他接受了一系列植皮手术，为了恢复手指的灵活性，每天他都不停地练习用残余部分去抓木条，有时疼得浑身大汗淋漓，而他仍然坚持着。他始终坚信自己的能力。在做完最后一次手术之后，他回到了农场，换用开推土机的办法使自己的手掌重新磨出老茧，并继续练习赛车。

仅仅是在9个月之后，他又重返了赛场！他首先参加了一场公益性的赛车比赛，但没有获胜，因为他的车在中途意外地熄了火。不过，在随后的一次全程200英里的汽车比赛中，他取得了第二名的成绩。

又过了2个月，仍是在上次发生事故的那个赛场上，他满怀信心地驾车驶入赛场。经过一番激烈的角逐，他最终赢得了250英里比赛的冠军。

他，就是美国颇具传奇色彩的伟大赛车手——吉米·哈里波斯。

吉米成功了，当他第一次以冠军的姿态面对热情而疯狂的观众时，他用行动告诉了人们：一生一定要美丽一次。

心灵悄悄话

在这个世界上，万物都有灿烂一回的时候，这是上苍赐给万物的权利。用一生定要美丽一次的心情去努力和坚持，每个人都会比现在做得更好！

花香常在夜色中

人生是一条漫长的旅途。有平坦的大道,也有崎岖的小路;有灿烂的鲜花,也有密布的荆棘。在这旅途上每个人都会遭受挫折,而生命的价值就是坚强地闯过挫折,冲出坎坷!你跌倒了,不要乞求别人把你扶起;你失去了,不要乞求别人替你找回。

对于输,大家各有不同的看法,所谓输,就是人生中遇到的挫折,要知道,这是在所难免的!只在那迷惘失落而又无所作为的日子里,不知你有没有看到,在阴霾下挺立的苍松翠柏,在死一般的黑夜路上闪烁的星辉;不知你有没有想过,坚定的信念能把失败超越。

输了,并不意味着你比别人差;输了,也不意味着你永远不会成功;输了,更不意味着你到达了人生的终点。聪明的人告诉你,失败的终点往往是成功的起点。只要你敢于正视失败,敢于拼搏,你一定会采摘到成功的鲜花——那朵远在天边的奇葩。人生就像奔流的大海,没有岛屿和暗礁,就难以激起美丽的浪花。输了,把失败作为动力!年轻人应有宽广的胸怀,千万不要去计较那微不足道的创伤。

即使生活有一千个理由让你哭泣,你也要拿出一万个理由笑对人生。"不管风吹雨打,胜似闲庭信步"。只有这样才能保持一个平衡的心态,才能凭着自己破釜沉舟的斗志风雨兼程,才能凭着"可上九天揽明月,可下五洋捉鳖"的豪情勇往直前。

无论顺境还是逆境,都要从容面对;无论获得还是失去,都要平静地接受。这才是我们青年人的活法。路就在脚下,不管过去多么暗淡,不管未来多么辉煌,一切的过去都以现在为归宿,一切的未来都以现在为起点!

没输过的人,往往会输得一塌糊涂;没摔过跤的人,跌倒了往往爬不起来;没体会过饥寒的人,贫困往往会成为你的归宿;没历经拼搏的人,属于你的往往不会长久。什么被你轻视了,终会被你看重;你专注于一个方向,终会比别人走得远些。花香常在夜色中,奋进常在孤寂里,成败常在路途上。

　　输并不可怕,为了追寻自己的理想,我们要飞翔,去接受风雨的洗礼;为了实现人生的夙愿,我们要飞翔,去迎接春风和朝阳。虽然我们并不坚强的翅膀也许会受伤,但我们一定要飞向远方。青春像一团燃烧的烈火,一轮滚烫的红日,让我们携手并肩,用青春描绘21世纪的风采,去感悟人生的真谛,谱写生命的乐章!

心灵悄悄话

　　成功源于彻底的自我管理。要珍视飞逝韶光,一日过完永不再来;要注重洞察人事,眼界与胸襟决定得到与拥有;要懂得学而后慧,今夜之寂寞总能孕育明朝之繁华;要学会控制欲壑,攫取只会埋葬人的心性和精神;要努力脚踏实地,不忠于现实的人没有未来;要敢于迎接挑战,这能让你的人生在最好的角度转弯。

原谅一切可以原谅的

陶行知先生当校长的时候，有一天看到一位男生用砖头砸同学，便将其制止并叫他到校长办公室去。当陶校长回到办公室时，男孩已经等在那里了。

陶行知掏出一颗糖给这位同学："这是奖励你的，因为你比我先到办公室。"接着他又掏出一颗糖，说："这也是给你的，我不让你打同学，你立即住手了，说明你尊重我。"

男孩将信将疑地接过第二颗糖，陶先生又说道："据我了解，你打同学是因为他欺负女生，说明你很有正义感，我再奖励你一颗糖。"

这时，男孩感动得哭了，说："校长，我错了，同学再不对，我也不能采取这种方式。"陶先生于是又掏出一颗糖："你已认错了，我再奖励你一颗。"

原谅别人是一种豁达，原谅自己是一种释怀。因此，学会了原谅，你会发现你轻松了、愉快了、自信了、成熟了。

有时候，朋友的一些言语做法也许伤害了你，家人、同事的误会让自己苦恼，生活中有很多事让自己并不如愿，甚至痛不欲生，何不换一种思维方式，学会原谅呢？原谅别人是一种豁达，原谅自己是一种释怀。

你不原谅，是因为不原谅而埋在心中的仇恨或者不满往往是出于我们自己的狭隘、自卑、虚荣、放不下面子以及不客观。就好比我们经常不原谅某人无意中的伤害，不原谅别人不小心给自己造成的不便，不原谅竞争对手的打击，所有的这些会让我们痛苦、不开心，我们心中常存着郁闷之结，我们背负着过去的包袱不能扔下，而影响了现在审视将来的快乐幸福。你一脚踩在了盛开的鲜花上，鲜花留给你的脚是花香；你一把推开了一门窗，窗外吹来了一阵清新的芬芳；你翻过了一座山，山那边的风景更加迷人；你蹚过了一条小河，再看见海洋会觉得是那么的宽阔……

静静地想想,有必要吗? 每个人的生命匆匆而过,短短的数十年,好好的享受还来不及,苦也一天,乐也一天,为什么还要让这些琐碎的事一直存在于你未来的生活呢? 为何还要让那些不快干扰我们的视线? 为何还要那些弃你而去、不会欣赏你的人还存在于你的脑海呢? 学会原谅吧。

学会了原谅,你我都会发现那些自信、充实、豁达、大气的人,生活幸福的人比较容易原谅别人。也许正是因为他们不太计较生活中的那些可以原谅的冲突和矛盾,才获得了良好的心态和所希望的人生吧。仇恨,是一个恶性的循环;原谅,是一个良性的开端。

学会原谅吧,去拥抱辜负了你和你所辜负的人吧,原谅别人是一种豁达,原谅自己是一种释怀,原谅一切可以原谅的一切,学会了原谅,你会发现你轻松了、愉快了、自信了、成熟了。所有的恩恩怨怨,都会让岁月磨平;所有受过的伤,所有流过的泪,都让那海浪统统带走吧……

心灵悄悄语

原谅是一种修养,一种处变不惊的气度,一种坦荡,一种豁达。原谅是人类的美德。荷兰的斯宾诺莎说过,人心不是靠武力征服而是靠爱和宽容大度征服的。原谅一如阳光,亲切、明亮。温暖的原谅也确实让人难忘。

困难来临的时候别只会抱怨

一个年轻人正值人生巅峰时却被查出患了白血病，无边无际的绝望一下子笼罩了他的心，他觉得生活已经没有任何意义了，拒绝接受任何治疗。

一个深秋的午后，他从医院里逃出来，漫无目的地在街上游荡。忽然，一阵略带嘶哑又异常豪迈的乐曲吸引了他。不远处，一位双目失明的老人正把弄着一件磨得发亮的乐器，向着寥落的人流动情地弹奏着。还有一点引人注目的是，盲人的怀中挂着一面镜子！

年轻人好奇地上前，趁盲人一曲弹奏完毕时问道："对不起，打扰了，请问这面镜子是你的吗？"

"是的，我的乐器和镜子是我的两件宝贝！音乐是世界上最美好的东西，我常常靠这个自娱自乐，可以感到生活是多么的美好……"

"可这面镜子对你有什么意义呢？"他迫不及待地问。

盲人微微一笑，说："我希望有一天出现奇迹，并且也相信有朝一日我能用这面镜子看见自己的脸，因此不管到哪儿，不管什么时候我都带着它。"

白血病患者的心一下子被震撼了：一个盲人尚且如此热爱生活，而我……他突然彻悟了，又坦然地回到医院接受治疗，尽管每次化疗他都会感受到死去活来的痛楚，但从那以后他再也没有逃跑过。

他坚强地忍受痛苦的治疗，终于出现了奇迹，他恢复了健康。从此，他也拥有了人生弥足珍贵的两件宝贝：积极乐观的心态和屹立不倒的信念。

悲观容易，乐观难。人生一世，悲观的情绪笼罩着生命中的各个阶段，战胜悲观情绪，用开朗、乐观的情绪支配自己的生命，你就会发现原来生活别有一番洞天。征服自己的悲观情绪便能征服世界上的一切困难之事。

一位著名的政治家曾经说过："要想征服世界，首先要征服自己的悲观。"人生在世，不如意事十之八九。如果一味地沉入不如意的忧愁中，只能使不如意变得更加不如意。"去留无意，闲看庭前花开花落；宠辱不惊，漫随天际云卷云舒。"这是一种心境。既然悲观于事无补，那我们何不换个角度，用乐观的态度来对待人生、善待自己呢？

乐观的人处处可见"青草池边处处花""百鸟枝头唱春山"；悲观的人时时感到"黄梅时节家家雨""风过芭蕉雨滴残"。一个心态正常的人可在茫茫的夜空中读出星光灿烂，增强自己对生活的自信；一个心态不正常的人让黑暗埋葬了自己且越葬越深。因此，无论何时何地身处何境，都要用乐观的态度微笑着对待生活，微笑是乐观击败悲观的有力武器。微笑着，生命才能将不利于自己的局面一点点打开。

守住乐观的心境实在不易，悲观在寻常的日子里随处可以找到，而乐观则需要努力、需要智慧，才能使自己保持一种人生处处充满生机的心境。悲观使人生的路越走越窄，乐观使人生的路越走越宽。乐观其实是一种机智，是用坚忍不拔的毅力支撑起来的一种风景。

有一对兄弟，老大叫汤姆，老二叫杰克。汤姆性格积极乐观，而老二杰克的性格则消极自卑。他们的爸爸曾做了一个试验，他让杰克独自待在一间装满玩具的房间里，让汤姆待在一间堆满牛粪的屋子里。

过了一会儿，他去查看，发现性格悲观的杰克正坐在玩具堆上哭个不停，就去问他为什么，杰克说："爸爸你给我拿了这么多玩具，我不知道该从哪一个开始玩。"

爸爸将他哄好后便去看汤姆，他发现汤姆正在非常开心地用一根枝条翻着牛粪，当他看到爸爸来了，就兴奋地问："爸爸，你快告诉我，你把玩具收藏到哪堆牛粪下面了？"

心灵悄悄话

乐观的人，当困难来临时，会选择如何解决问题。悲观的人，在困难来临时，只会抱怨为什么会这样，不仅会耽误解决困难的时机，反而到时候只能错过好时机。

第二篇

笑是阳光　笑是温暖

　　人只要生活在这个世界上，就会有很多烦恼。痛苦或是快乐，取决于你的内心。人不是战胜痛苦的强者，便是向痛苦屈服的弱者。

　　再重的担子，笑着也是挑，哭着也是挑。再不顺的生活，微笑着撑过去了，就是胜利。

　　开心是一种精神滋补，滋补得人心旷神怡、春风满面。美丽的心情成就美丽的日子，美丽的日子串成一串，就积成美丽的人生，拥有美丽的人生，无论年华几许，无论你的天空是阳光明媚还是布满阴云，给人的感觉总是温暖。

笑一笑　生命才会精彩纷呈

父子三人相依为命。父亲得了急性肝炎，因治疗不及时而逝世。两个儿子也到医院做检查，检查结果是老大正常，老二被传染得了肝炎。但这是医生的一个失误，他由于疏忽而将兄弟二人的化验单搞混了。回去后，老大终日坐卧不安，而老二轻松愉快，乐观心安。结果老大倒真的病了，老二却不治而愈。由此可见，一个人的情绪和精神状态对一个人的生活、工作、健康等影响相当大。

现在，有很多人活得很累，过得很不快乐。其实，人只要生活在这个世界上，就会有很多烦恼。痛苦或是快乐，取决于你的内心。人不是战胜痛苦的强者，便是向痛苦屈服的弱者。再重的担子，笑着也是挑，哭着也是挑。再不顺的生活，微笑着撑过去了，就是胜利。

有很多烦恼和痛苦是很容易解决的，有些事只要你肯换种角度、换个心态，你就会有另外一番光景。所以，当我们遇到苦难挫折时，不妨把暂时的困难当作黎明前的黑暗。

只要以积极的心态去观察、去思考，就会发现，事实远没有想象中的那样糟糕。换个角度去观察，世界会更美！

生活的快乐与否，完全决定于个人对人、事、物的看法如何。你的态度决定了你一生的高度。你认为自己贫穷，并且无可救药，那么你的一生将会在穷困潦倒中度过；你认为贫穷是可以改变的，你将会积极、主动地面对贫困。心态决定我们的生活，有什么样的心态，就有什么样的人生。

面对人生的烦恼与挫折，最重要的是摆正自己的心态，积极面对一切。再苦再累，也要保持微笑。笑一笑，你的人生会更美好！

若没有苦难，我们会骄傲；没有挫折，也不再有喜悦；没有沧桑，我们不会有同情心。因此，不要幻想生活总是那么圆满，生活的四季不可能只有春

天。每个人的一生都注定要经历沟沟坎坎，品尝苦涩与无奈，经历挫折与失意。

因此，在漫长的人生旅途中，生活如果都是两点一线般的顺利，就会如同白开水一样平淡无味。只有酸、甜、苦、辣、咸五味俱全才是生活的全部，只有悲喜哀痛、七情六欲全部经历才算是完整的人生……

所以，你要从现在开始，微笑着面对生活，不要抱怨生活给了你太多的磨难，不要抱怨生活中有太多的曲折，不要抱怨生活中存在的不公。当你走过世间的繁华与喧嚣，阅尽世事时，你会幡然明白：人生不会太圆满，再苦也要笑一笑！

心灵悄悄话

无论如何，都要以乐观向上的精神支持我们的生命，千万不能因暂时的困难或挫折而灰心丧气，天塌下来有人顶着，逆境过后是顺境，冬天过去是春天。让乐观精神陪伴一生，生命才会精彩纷呈。

伤痕是给自己最好的礼物

"痛而不言是一种智慧,笑而不语是一种豁达"。痛而不言,笑而不语,短短两句,囊括了做人的最高境界。可以说,我们从其中可以感悟到很多人生的真谛。很多时候,人们都是这样睿智地面对生活。为人沉敛,不大惊小怪,这是一种坚韧的人生表现,是好品质的一种所为。为人谦让,不傲慢自居,这是一种豁达的人格魅力,是高尚的一种人性之美。

人生在世,我们往往会因这样或那样的伤害而心痛不已。只有亲身经历过之后你方才真正懂得那有多痛!诺贝尔文学奖的获得者罗素曾说过:"累累伤痕是生命给你的最好礼物。希望是坚韧的拐杖,忍耐是旅行袋,携带它们,人可以登上永恒之旅。"是啊,与其喋喋不休地抱怨,不如静下心来深思,流年似水,那些曾经的灼痛终将沉淀为一种人生积累,成为躲藏在灵魂深处的暗夜精灵。在你静默独处之时,这精灵会跑出来激荡你本真的情怀,碰撞出你最纯净的心语。

难过愤懑之时,与其怨怒于色,不如痛过之后,轻拭去眼角的残泪,积极地努力沟通,和你最在意的那个人坦诚彼此的心结,畅谈生活的见解。岁月的打磨过后,我们已经日渐成熟,现在的我们,可以用灿烂的笑脸遮藏阴郁的忧伤,将心潮暗涌深埋在心底,过去的就让它过去,抛开那曾幽怨的一切,一脸阳光地重新投入忙碌的生活。其实我们更应该感谢真实的过往,正是这些刻骨铭心的痛让我们懂得了珍惜生活,珍惜身边的人。

笑而不语确是一种人生的豁达。很多时候,就这样地去面对生活中那些难免的流言蜚语。现实里,你我都是活脱脱的独立个体,有着与众不同的特质,对于生活的感悟有着各不相同的见地。当遭到朋友之间的戏谑,遇到他人误解后的委屈,这时,过多的言辞申辩反而会让人觉得华而不实。莫不如留下一抹微笑,任他人去作评说吧。所谓"君子坦荡荡,小人长戚戚"。世间事就是善恶并存,好坏相依。有时一个微笑可以让两个宿怨之人冰释前

嫌，还可以让身居他乡之人倍感温暖。世界上最简单的动作完美地诠释了人世间最复杂的道理。其实笑而不语留给人们更多遐想的空间，犹如蒙娜丽莎嘴角那抹淡淡的微笑，散发出来的魅力，让世人为之发出无限猜想，一个平凡的女人因为不平凡的微笑而感动了无数的世人，而世界也因此多了一份豁达之美。

人来世间走一遭，经历了无数悲喜之后，最终，只不过是一声叹息中离开我们一生爱恋的一切。今生你我有幸相识、相知、相伴已是一种幸福，那就好好地爱吧，好好地过吧。于后的人生中感情纠缠着人心，爱心装点着回忆，反正这世间的人儿有来有去，好坏由它去吧！

有一个人搭船到英国，途中遇到暴风，全船的人惊慌失措，他看到一个老太太在非常平静地祷告，神情十分安详。等到风浪过去，全船脱离了险境，这人很好奇地问这老太太，为什么一点都不害怕。老太太回答："我有两个女儿，大女儿叫马大，已经被上帝接走，回到天家，二女儿叫马利亚住在英国。刚才风浪大作时，我就向上帝祷告，如果接我回天家，我就去看大女儿；如果留我性命，我就去看二女儿，不管去哪里我都一样，所以我怎么会害怕呢？"

无论是什么样的遭遇，任何事，总不致惧怕。顺应自然，充实而用心地过好每一天。

心灵悄悄话

在一生一世的旅途中，我们要带上最真挚的微笑，坦然地面对尘世间的一切，亲友，我愿为你痛而不言，笑而不语。用我们的微笑温暖着你，去追逐那美丽的憧憬。

快乐是自己的事情

快乐是自己的事情,只要愿意,你可以随时调换手中的遥控器,将心灵的视窗调整到快乐频道。

微笑的后面蕴含的是坚实,无可比拟的力量境由心生,境随心转。

吃不到的葡萄就把它看成是酸的,不仅可以把自己的心情调节到快乐的频位上,还可以解决很多现实问题。

要记住:如果不能容忍不完美,会给你的人生带来痛苦。

现在的已在你手中,只要看护得好就不会丢失,缺乏的对于你来说却始终是一个模糊不清的谜,能否得到,怎样获得或获得多少都是未知数,所以与其对缺乏的哀哀怨怨,不如乐视囊中所有。

每件事情都有它的优点和缺点,当你遇到不好的部分时,先学会思考,如何在这里学习和成长才是最重要的,"牢骚太盛防断肠"。

为别人会做而自己不会做的事自卑,不如想想你会做哪些别人做不到的事。

看不开,想不透,做不到,是我们的通病,我们容易将别人的事看得如水中倒影般清澈,而一旦涉及自己,就会有老眼昏花之态,只要能活着看到日月星辰,就不要烦恼。

原谅别人,是对自己的最好方式,因为释放了自己,才能有健康自由的心态。

人生许多的苦恼都是从"知道"而来,人间许多事情,在你"不知道的时候,便没有所谓的痛苦"。不该看到的事,不该听到的话,不该了解的机密最好别去查问——不知是福。

有时候人必须接受无可奈何的命运安排。

有位国王,天下尽在手中,照理,应该满足了吧,但事实并非如此。国王

自己也纳闷,为什么对自己的生活还不满意,尽管他也有意识地参加一些有意思的晚宴和聚会,但都无济于事,总觉得缺点什么。

一天,国王起个大早,决定在王宫中四处转转。当国王走到御膳房时,他听到有人在快乐地哼着小曲。循着声音,国王看到是一个厨师在唱歌,脸上洋溢着幸福和快乐。国王甚是奇怪,他问厨师为什么如此快乐?厨师答道:"陛下,我虽然只不过是个厨师,但我一直尽我所能让我的妻小快乐。我们所需不多,头顶有间草屋,肚里不缺暖食,便够了。我的妻子和孩子是我的精神支柱,而我带回家哪怕一件小东西都能让他们满足。我之所以天天如此快乐,是因为我的家人天天都快乐。"

听到这里,国王让厨师先退下,然后向宰相咨询此事,宰相答道:"陛下,我相信这个厨师还没有成为99族奴。"

国王诧异地问道:"99族奴?什么是99族奴?"

宰相答道:"陛下,想确切地知道什么是99族奴,请您先做这样一件事情:在一个包里,放进去99枚金币,然后把这个包放在那个厨师的家门口,您很快就会明白什么是99族奴了。"国王按照宰相所言,命人将装了99枚金币的布包放在了那个快乐的厨师门前。

厨师回家的时候发现了门前的布包,好奇心让他将包拿到房间里,当他打开包,先是惊诧,然后狂喜:金币!全是金币!这么多的金币!厨师将包里的金币全部倒在桌上,开始查点金币,99枚?厨师认为不应该是这个数,于是他数了一遍又一遍,的确是99枚。他开始纳闷:没理由只有99枚啊?没有人会只装99枚啊?那么那一枚金币哪里去了?厨师开始寻找,他找遍了整个房间,又找遍了整个院子,直到筋疲力尽,他才彻底绝望了,心中沮丧到了极点。

他决定从明天起,加倍努力工作,早日挣回一枚金币,以使他的财富达到100枚金币。由于晚上找金币太辛苦,第二天早上他起来得有点晚,情绪也极坏,对妻子和孩子大吼大叫,责怪他们没有及时叫醒他,影响了他早日挣到一枚金币这一宏伟目标的实现。他匆匆来到御膳房,不再像往日那样兴高采烈,既不哼小曲也不吹口哨了,只是埋头拼命地干活,一点也没有注意到国王正悄悄地观察着他。

看到厨师心绪变化如此巨大,国王大为不解,得到那么多的金币应该欣喜若狂才对啊。他再次询问宰相。宰相答道:"陛下,这个厨师现在已经正

式加入99族奴了。99族奴是这样一类人：尽管他们拥有很多，但从来不会满足，于是拼命工作，为了额外的那个'1'，他们苦苦努力，渴望尽早实现'100'。原本生活中那么多值得高兴和满足的事情，因为忽然出现了凑足100的可能性，一切都被打破了。他竭力去追求那个并无实质意义的'1'，不惜付出失去快乐的代价，这就是99族奴。"

心灵悄悄话

> 满足不在于多加燃料，而在于减少火苗；不在于积累财富，而在于减少欲念，放下贪欲，追求平实简朴的生活，是获得快乐的最简单方法。

第二篇 笑是阳光 笑是温暖

走过去！前面是晴朗的天

　　有个叫阿巴格的人生活在内蒙古草原上。有一次，年少的阿巴格和他爸爸在草原上迷了路，阿巴格又累又怕，到最后快走不动了。爸爸就从兜里掏出 5 枚硬币，把一枚硬币埋在草地里，把其余 4 枚放在阿巴格的手上，说："人生有 5 枚金币，童年、少年、青年、中年、老年各有一枚，你现在才用了一枚，就是埋在草地里的那一枚，你不能把 5 枚都扔在草原里，你要一点点地用，每一次都用出不同来，这样才不枉人生一世。今天我们一定要走出草原，你将来也一定要走出草原。世界很大，人活着，就要多走些地方，多看看，不要让你的金币没有用就扔掉。"在父亲的鼓励下，那天阿巴格走出了草原。长大后，阿巴格离开了家乡，成了一名优秀的船长。

　　人生难免有风雨，走过风雨，我们学会在喧嚣的尘世保持一颗平常心，我们学会在拥挤的人生路上保持一副微笑的面孔。

　　我们每个人都希望成功，而在寻找成功的道路上，却逃避不了挫折，犹如古人云："欲渡黄河冰塞川，将登太行雪满山"，要想取得成功，就必须战胜挫折。

　　人生谁能没有挫折，就像人要学会走路一样，也得有过摔跤，而且只有经过摔跤才会学会走路。挫折可以毁灭一个人，也能造就一个人，有人害怕挫折，因此，不敢去追求成功；这是弱者，在弱者面前，挫折就是倾覆生活之舟的波涛，波涛越大，他就越容易被吞噬。但是我相信，每个人向往成功的人都不希望自己是弱者，那么，作为一个强者，就不应该因为沮丧而停止追求，我们应该振作起来，向挫折挑战。

　　马克思说过："世界上没有永远平坦的大路，只有不畏劳苦沿着陡峭山路攀登的人才会有希望达到光辉的顶点。"面对挫折，我们没有勇气愁眉不展，要正视而不回避，超越而不包围，我们应该把这个信念作为去战胜挫折

的强大动力，从挫折中重新站起来，这样才能不断地追求品尝成功的喜悦，一次挫折并不代表永远的失败，只要敢于战胜自己，成功的大门一样会为你打开。

　　从前，有个赵老板，装了一船鲜蚌在海上航行，遇到风浪，误了归期，满船蚌肉都腐烂了。老板见血本全部损失，急得要跳海自杀。

　　船长劝他："等一等，也许你还剩下什么东西。"他带领水手清理船舱，从满船烂肉中找到一粒很大的珍珠，它的价值远远超过货价和运费。

　　当我们遭遇"失败"时，不要忘了找出失败可能造成的另一种"后果"——譬如找到这粒蕴藏的珍珠。

　　朋友，让我们在今后的人生道路上不断战胜挫折，走向辉煌的明天吧！

　　其实，经历风雨也是一种幸福，它会使我们愈加成熟、愈加自信，脚步更加稳健。

心灵悄悄话

　　挫折使我们看清了自己在通往目标的道路上一个必须去加以征服的敌人，这个敌人不是别人，他通常就是我们自己，人类最杰出的成就经常是在战胜自我的同时被创造出来的，人类最崇高的目标也经常是在彻底战胜自我的同时到达的。

人生，这样更幸福

人生，要知道温暖、美好，也要做到坚强、信任和尊严。不要颓废、空虚还有迷茫，甚至找理由来作践自己、伤害自己。

漫漫人生路，总有疲惫伤心的时候，不要认同那些伪装的酷和变异的另类，那是那些无事可做的人找出来放任自己的借口。因为真正的酷是来自内心的，真正的另类是优于别人的特别，要有强大的信念，任凭时间流逝，不会怨天叹地和屈服的信念。伤心委屈的时候要号啕大哭，哭完了洗洗脸然后用手拍拍，挤个笑脸给自己看。

人生需要好好地去爱，好好地去生活。青春短暂，不要叹老，要时不时地提醒自己，自己在做什么，自己该做什么。

给自己一个远大的前程和目标，不顺心的时候多看看天空，也记得看看自己脚下，也许就会有意外的感动。

任何时候，任何人问你谈过几次恋爱，你要告诉他是两次：一次是我爱他，他不爱我；另一次是他爱我，我不爱他。好的爱情永远在下一次。

人生难免会有愚钝的时候，要学会保护自己，不要给别人两次伤害的机会，你伤不起也承受不起。被朋友伤害，不要怀疑友情，但要提防背叛你的人，原谅不等于遗忘。

千万记住，对某些人来说，你不必珍惜，但对家人来说你是珍贵的。你要知道，宝贝，伤心的时候要回家，要给家里打电话，要跟最亲的人说，也许只有他们才能帮助你，真心地安慰你。而且你要知道，你不缺乏爱，因为你的身边还有很多人在。顺父母的心意，但绝不盲从，要有自己的想法，任何事情都要问自己是怎么想的，要反对就大声地提出来，因为父母最想的就是让我们幸福。

要经常地在镜子面前整理形象，要对着镜子笑，要跟自己说，我很开心。

要经常运动，不懒惰，有健康的身体才会有幸福的未来。不吸烟、不喝酒、不晚睡晚起,读哲学、科学、心理学等一些你一直以来以为枯燥的书,要知道世界的基本规则和常识。

听好听的音乐,看好的电影和画,爱心中的艺术,但绝不是艺术中的自己。塑出自己特有的气质,但不要瞧不起劳动人民,土地不脏,汗水不臭,请尊重那些生活状况不如你的人,尊重别人就是尊重自己。永远理解生活在最底层的人。不要小看一分钱,有本事自己去挣,不要拒绝任何一个乞丐,能帮就帮,我们不是施舍,是帮助有困难的人,不要去怀疑是真乞丐还是假乞丐,要明白给永远比拿快乐。

需要的时候得到的满足,就是一种幸福!

人生中最重要的就是保持几分天真童心,要快乐、开朗做个幸福、知道温暖的人。这些和性格是无关的。

有一个人,他生前善良且热心助人,所以在他死后,升上天堂,做了天使。他当了天使后,仍时常到凡间帮助人,希望感受到幸福的味道。

一日,他遇见一个农夫,农夫的样子非常苦恼,他向天使诉说:"我家的水牛刚死了,没它帮忙犁田,那我怎能下田作业呢?"

于是天使赐他一只健壮的水牛,农夫很高兴,天使在他身上感受到幸福的味道。

又一日,他遇见一个男人,男人非常沮丧,他向天使诉说:"我的钱被骗光了,没盘缠回乡。"

于是天使给他银两做路费,男人很高兴,天使在他身上感受到幸福的味道。

又一日,他遇见一个诗人,诗人年轻、英俊、有才华且富有,妻子貌美而温柔,但他却过得不快活。

天使问他:"你不快乐吗? 我能帮你吗?"

诗人对天使说:"我什么都有,只欠一样东西,你能够给我吗?"

天使回答说:"可以。你要什么我也可以给你。"

诗人直直地望着天使:"我要的是幸福。"

这下子把天使难倒了,天使想了想,说:我明白了。"

然后把诗人所拥有的都拿走。

天使拿走诗人的才华,毁去他的容貌,夺去他的财产,以及他妻子的

性命。

天使做完这些事后，便离去了。

一个月后，天使再回到诗人的身边，

他那时饿得半死，衣衫褴褛地在躺在地上挣扎。

于是，天使把他的一切还给他。

然后，又离去了。

半个月后，天使再去看看诗人。

这次，诗人搂着妻子，不住向天使道谢。

因为，他得到幸福了。

心灵悄悄话

人很奇怪，每每要到失去，才懂得珍惜。其实，幸福早就放就在你的面前。肚子饿坏的时候，有一碗热腾腾的拉面放在你眼前，幸福。累得半死的时候，扑上软软的床，也是幸福。哭得要命的时候，旁边温柔地递来一张纸巾，更是幸福。幸福本没有绝对的定义，平常一些小事也往往能撼动你的心灵，幸福与否，只在乎你的心怎么看待。

感恩的"魅力"

一家日本大学毕业生最向往的公司，每年都会招聘新员工，筛选最后一关是由社长亲自面试，面试的题目只有一道："请问你有没有洗过妈妈的手脚？有何感想？"有个年轻的小伙子的答案是："没有"，社长请他回去洗妈妈的手脚，3天后再来面试。

小伙子回家就端来热水为妈妈洗手脚，与母亲的距离从没有这么近过，内心感到无比的温暖，同时也才发现母亲的手脚很粗糙，结满茧，顿时百感交集，向母亲忏悔，自己从未关心过母亲，母亲每天辛苦工作，为家人、子女不求回报地付出，使得家人无后顾之忧。这次洗了脚后，他对母亲的爱、无私奉献有了深刻的体会与认识，3天后他向社长一五一十地报告，结果他被录取了。

感激父母，是他们给了自己生命，是他们把自己抚养长大，是他们教我们学走路，陪我们说第一句话，是他们给了自己温暖的生活。亲情如涓涓细流无声无息，从不张扬，却永恒如初，也许他们没有太多感天动地的语言来表达自己的爱，偶尔一句"路上慢点，小心点，"就足以说明一切；亲情从来不需要刻意地去想起，却永远永远也不会忘记；亲情的力量，就是让人觉得在这个世界上自己永远不会是孤立无助的，无论将来走到哪里，无论有什么样的遭遇，无论成功还是失败，都要记得身后有亲情注视的目光，这目光中蕴含着太阳的光辉，给人春天般的温暖。

一个男孩与父母吵架后，离家出走了。他四处流浪，过着风餐露宿的生活。一次，饥寒交迫的他在一家馄饨店门口徘徊着，热心的老板给了他一碗馄饨。狼吞虎咽之后，他噙着热泪真诚地感谢老板。老板猜测到了他的经历，说："我只给了你一碗馄饨，你就如此感激，而从小到大，你的父母又给了

你多少碗馄饨，你感激过他们吗？"男孩的泪水顿时流落下来。

感激可以信任的朋友，友情有一个奇特的作用，如果你把快乐告诉一个朋友，你将得到两份快乐；如果你把你的忧愁想告诉一个朋友，你将减掉一半忧愁。人的一生，能遇到可以真心以待的朋友不容易，在这个黑白混乱的利益社会里就更显得不易，无论多么华丽的诗句都不能代替那种亲密无间的友情，所以，要和他好好地相处下去。每个人都有失意的时候，都有需要被关怀的时候，听听那熟悉的声音，它会温暖你的心灵，无论春夏秋冬，无论世界如何改变，都不要忘了朋友，有了这份情义，原本单调的生命历程会显得丰富多彩。

感激曾经误解过自己的人，是他让自己更了解人情世故，这个世界就是这样子，常常遭遇别人的误解。有时候，人可以控制别人的行动，却无法控制别人的思想，被人误解了，随它去吧；如果解释不清楚，不如保持沉默吧，或许这是对它最有力的反击，沉默有时候是一种回答，自己无愧于心就好，对它唱上一曲无所谓，走自己的路，让别人去说吧。另外，被人误解，反而可以磨炼人的心志，使人越来越成熟。

感激曾经背叛过自己的人，如果没有当初的背叛，也许今天我们还是看不清楚这个世界，不会懂得生活原来是这个样子的：除了甘甜，还有苦涩，除了有阳光，还会有突如其来的暴风和骤雨。有时候它还可以是一种动力，让自己懂得努力，也懂得了坚强，让我们面对风浪时不再流泪、不再退缩。

感激曾经匆匆来又匆匆离开我们人生的人，谢谢你曾经出现在我们的生命里，人生路上的风景因有你的点缀才更优美，也给了一份美好而精彩的回忆。即使擦身而过也好，无论时间的长与短，都将在人生的里程碑上写下一段恒久，当许多年以后的某个时间，微风细雨再次唤起心底的往事，会发现原来生命因你的到来而显得绚丽多彩，真的谢谢你曾来过，还留下一段淡淡的却令人难忘的芳香记忆，扣人心弦，如一副美妙绝伦的画面，又如春雨般洒落我心底滋润心扉，也许曾经经历过也是另一种幸福。

感激自己曾经爱过的人，是他让自己更懂得爱，不管怎样，都微笑地祝福他，祝福他的生活是幸福和快乐的。忘不了春暖花开时林荫中一起漫步，也忘不了寒冬时节窗前月下一起谈心。只是当我们开始相遇相知的时候，分离却在向我们招手，不想忘也真的忘不了你，因此，一切可以成为过往，但是在生命中的那些成长的心情却是沉甸甸的,是无法挥散而去的,注定在岁月的年轮里留下深深的印记。

在这个广阔无边的大世界里,据说一个人与另一个人相遇的可能性只有千万分之一,成为朋友的可能性大约是两亿分之一,成了终身伴侣的可能性大约是五十亿分之一,这是多么难得的机缘!如人所说,得之我幸,失之我命,还是心存感激吧,这样便少了一份怨和恨,多了一份淡定与从容,当用感激的心态去面对生活时,才能去发现这个世界上更多美好的东西。所以我感激曾走进我生命里的人,同时也感激已经走出我生命的人,我将把这一切视为生命中宝贵的东西。

谢谢你们让我们有了人生路上的各种感受,爱过了,痛过了,笑过了,哭过了,得过了,失过了,傻过了,痴过了,盼过了,等过了,到最后才明白这才是最真实的生活,也因此让那已奏响的人生乐章听起来才抑扬顿挫、婉转动人。

心灵悄悄话

无论遇到什么样的情况,永远都会有些事情需要感恩。感恩不花一分钱,却是一项具有无穷魅力的投资,它会充实你的人生,成就人的未来。

第三篇

莫为明天哀伤

不要因生活中的一些细小过失而后悔，如果事事追悔，恐怕一个人一辈子都会生活在数不清的悔恨之中。如果错已造成，且又无法弥补，就要当机立断：汲取教训，以后不要再犯。

人生不能重来，人生也无法预知长短，但我们可以控制的，是人生的内容，是人生的质量，是生命的品质，是生命的宽度，庸庸碌碌没有追求的人生，即使再长也只是一本吃喝拉撒的流水账，乏善可陈、味同嚼蜡，而拼搏进取、充实丰满的人生，即使很短也是一首清新隽永的小诗，寓意深刻又回味无穷。

让你的人生非同寻常

有两个和尚分别住在相邻的两座山上的庙里。这两座山之间有一条溪，于是这两个和尚每天都会在同一时间下山去溪边挑水，久而久之他们成为好朋友。就这样时间在每天挑水中不知不觉已经过了五年。突然有一天左边这座山的和尚没有下山挑水，右边那座山的和尚心想："他大概睡过头了。"便不以为意。哪知道第二天左边这座山的和尚还是没有下山挑水，第三天也一样。过了一个星期还是一样，直到过了一个月右边那座山的和尚终于受不了，他心想："我的朋友可能生病了，我要过去拜访他，看看能帮上什么忙。"于是他便爬上了左边这座山，去探望他的老友。等他到了左边这座山的庙里，看到他的老友之后大吃一惊，因为他的老友正在庙前打太极拳，一点也不像一个月没喝水的人。他很好奇地问："你已经一个月没有下山挑水了，难道你可以不用喝水吗？"左边这座山的和尚说："来来来，我带你去看。"于是他带着右边那座山的和尚走到庙的后院，指着一口井说："这五年来，我每天做完功课后都会抽空挖这口井，即使有时很忙，能挖多少就算多少。如今终于让我挖出井水，我就不用再下山挑水，我可以有更多时间练我喜欢的太极拳。"

许多人快到生命终结的时候，为什么总是懊悔虚度了一生，总是假设如果再给他一次生命，他将如何如何？觉得自己不该失去很多，觉得人生还有潜力，只是加法做得不够。可是生命是一次单程不归的旅程，没有后悔药！

那么人生的"加法"是什么呢？是追求知识、成功、富贵、名利。而生活仿佛是一个容器，总想放很多东西进去来丰富我们的人生，这并没有错，关键是你要放什么进去，你要怎么放。有一篇叫《生命中的大石头》的文章，讲了一个如何管理时间的小测验：

先把一堆拳头大小的石块放进广口瓶里，直到再也放不下。其实，还可

以放砾石来填满石块的间隙;还可以倒沙子来填充砾石的间隙;甚至还可以把水倒进玻璃瓶里⋯⋯

由此可见,时间是挤出来的,而人的潜力也是挖掘出来的,所以人生需要"加法"。只要你努力,不自满,不自卑,给自己定个高一点的目标,跳起来就能完成。信仰、学识、技能、事业,都是生命中的大石头,趁着年轻力壮,早早地放进自己的瓶里,然后再从容地去享受、去游玩去、消遣。如果把这个顺序颠倒过来,那么想装大石头就晚了,只能"老大徒伤悲"了。

但仔细想想,一辈子只是拼命地做"加法",有了地位,还要名声;生怕自己的东西比别人少,没完没了,岂能不累? 结果可能生活失调,精神崩溃。结果并不幸福。

《生活的篓子》讲了一个故事,很受启发:一个生活沉重的人去见智者,智者给他个篓子背在肩上,要他走一步捡块石头放进去,看看有什么感觉。等那人走到终点,累得趴下。智者说,这就是你为什么感觉生活沉重的道理。

我们来到这个世上,每个人都背着一个空篓子,而人的一生,就是不断地往自己的篓子里放东西的过程。如果有了,就想更多,贪得无厌,欲壑难填。因此,只做"加法"就很悲哀,而明智的选择是做"减法"人生了。

远离名利、看淡成败、安于淡泊就是"减法",老子说:"祸莫大于不知足,咎莫大于欲得。"知足、节制、感恩、惜福、避祸,说的就是人生需要"减法"。

张良当年历尽艰辛帮刘邦夺天下,功高盖世,可他却毅然辞官不做,归隐山林,享受淡泊的人生乐趣,得以安度晚年。而韩信也是战功赫赫,但他对人生的期望值很高,拼搏于官场,最终却丢了性命。由此可见,"减法"使人消灾。

生命是一道算术题,人的一生不过三万个日子,活一天就会减少一天。功名和财富却随时间推移做着"加法"。可是有一天当这两条曲线交叉时,生命的显示屏上就会出现零,0 乘以任何数等于 0。再多的也都带不走,这就是生命的算术公式,残酷而真实。

人生的"加法",给我们加入智慧的光芒,加入品格的力量,加入财富的积累,加入亲情的温馨,使人生更加丰盈。而人生的"减法",为我们减去多余的物质,减去奢侈的欲望,减去心灵的负担,减去环境的纷扰,合理安排人生的进退取舍,使人生更健康。

因此,"加法"是一种成长,"减法"是一种成熟。

有一个人死后,在去阎罗殿的路上,遇见一座金碧辉煌的宫殿。宫殿的主人请求他留下来居住。这个人说:"我在人世间辛辛苦苦地忙碌了一辈子,现在只想吃、睡,我讨厌工作。"宫殿主人答道:"若是这样,那么世界上再也没有比这里更适宜居住的了。我这里有山珍海味,你想吃什么就吃什么,不会有人来阻止你。而且,我保证没有任何事情需要你做。"

于是,这个人就住了下来。开始的一段日子,这个人吃了睡,睡了吃,感到非常快乐。渐渐地,他觉得有点寂寞和空虚,于是去见宫殿主人,抱怨道:"这种每天吃吃睡睡的日子过久了也没有意思。我对这种生活已经提不起一点兴趣了。你能否为我找一份工作?"宫殿的主人答道:"对不起,我们这里从来就不曾有过工作。"

又过了几个月,这个人实在忍不住了,又去见宫殿的主人:"这种日子我实在受不了。如果你不给我工作,我宁愿去下地狱,也不要再住在这里了。"宫殿的主人轻蔑地笑了:"你认为这里是天堂吗? 这里本来就是地狱啊!"

心灵悄悄话

很多人很少有时间去追求自己真正想要达成的目标。就这样,临到退休时,才发现自己虚度了大半生,剩余的日子又在病痛中一点一点地流逝。想要成就自己的事业,这样做是绝对不行的,必须把时间和精力投入专项上,你就可能非同寻常。

第三篇 莫为明天哀伤

莫让后悔弄痛了你

印度有一位哲学家，饱读经书，富有才情，很多女人迷恋他。一天，一个女子来敲他的门，说："让我做你的妻子吧！错过我，你将再也找不到比我更爱你的女人了！"哲学家虽然也很喜欢她，却回答说："让我考虑考虑！"

哲学家用一贯研究学问的精神，将结婚和不结婚的好坏所在，分别罗列下来，却发现两种选择好坏均等，真不知该怎么办。于是，他陷入长期的苦恼之中，无论又找出了什么新的理由，都只是徒增选择的困难。

最后，他得出一个结论——人若在面临抉择而无法取舍的时候，应该选择自己尚未经历过的那一个。不结婚的处境我是清楚的，但结婚会是个怎样的情况，我还不知道。对！我该答应那个女人的央求。

哲学家来到女人的家中，问女人的父亲："你的女儿呢？请你告诉她，我考虑清楚了，我决定娶她为妻！"女人的父亲冷漠地回答："你来晚了10年，我女儿现在已经是3个孩子的妈了！"

哲学家听了，几乎崩溃。他万万没有想到，向来引以为傲的哲学头脑，最后换来的竟然是一场悔恨。而后两年，哲学家抑郁成疾。临终，他将自己所有的著作丢入火堆，只留下一句对人生的批注——如果将人生一分为二，那么我们前半段的人生哲学应该是"不犹豫"，而后半段的人生哲学应该是"不后悔"。

现实生活中，有些人做了错事，事后醒悟过来时，常常自我埋怨，自我谴责，以致自我惩罚，心情十分痛苦、内疚和懊恼。这种情绪活动就是人们通常所说的悔恨，其实，在漫长的人生道路上，人们都会因这样或那样的过失，带来某种悔恨的心情。对大多数人来说这种不良情绪很快就会消失，不至于影响身心健康，但也有上述那种人陷入悔恨的泥潭中不能自拔，甚至失去了走向未来生活的信心。这种不良情绪必然会使人体免疫机能减退，导致多种疾病的发生。因此,要学会控制这种情绪,不能让它妨碍我们的身心健康及对美好明天的追求。

美国一位教师曾用一则很形象的事例来教育学生摆脱徒然无益的悔恨,在课堂上她将一只装满牛奶的瓶子朝地上猛摔下去,瓶子破碎了,牛奶流了满地。她告诉学生:"你们可能对这瓶牛奶感到惋惜,可是这种惋惜已经无法使这瓶牛奶恢复原样了。因此,在你们今后的生活中发生了无可挽回的事时,请记住这只摔破了的牛奶瓶。"这位教师道出了一个生活哲理:如果明知错误已经形成,而且无可挽回,却偏要去挽回,这样做是徒劳无益的。

不要因生活中的一些细小过失而后悔,如果事事追悔,恐怕一个人一辈子都会生活在数不清的悔恨之中。如果错已造成,且又无法弥补,要当机立断:汲取教训,以后不要再犯。这种很干脆的自我警告,比放在心里悔恨更有用。

一个人也不要为没有取得预期效果的努力而悔恨。我们在办一件事之前,总不可能准确地预测到究竟能否成功,我们总不能等把未来的一切前景都看清楚了,有了足够的把握时才开始行动,只要尽力而为,即使某些努力没有达到目标,这种努力依然是值得的,无须后悔。

心灵悄悄话

当我们因失误而后悔时,重要的是要在悔中求悟,要弄清楚自己办错事的原因何在,今后应如何避免,这样的后悔才有意义,也不会陷入悔恨的泥潭中。因为这种深思反省不是老是纠缠于过去,而是放眼今后怎样少做后悔事。

第三篇 莫为明天哀伤

学会善待自己的缺点

有句话叫："人有缺点才可爱。"

生活中我们每个人都有各自不同的优点和缺点。这是一个自然现象，之所以如此，是因为作为一个人一定有自己特殊的个性，而鲜明的个性在某种条件下、时段上有可能成为人的一种缺点。因为人是社会化存在的，所以对于一个人来说："缺点是周围人的看法。"

人的思想是不同的，其行为方式也就必然有所不同，不同的行为方式必然有不同的行为结果。缺点就产生在人的行为过程中，行为过程中可能存在缺点，行为结果不一定存在缺点。对于自身存在的非原则性的缺点，需要一颗宽容之心来对待，自己用宽容的心态来改掉自己的缺点，如果再温柔一点地说就是："要善待我们的缺点。"

谈到缺点是有区别的，源于主观恶性行而发生的错误或者缺点是不可饶恕和原谅的，因为它危及他人的权益或者社会的和谐；源于鲜明个性的行为，产生的与众不同难以为社会所接收的行为方式，可能就是人常说的缺点，我们可以试着宽容它，因为鲜明的个性，容易引起他人的偏见与挑剔，我们需要理性面对或者说可以善待它。

世界之大，各种利益、各种意识形态、各种为目的，都必然带来评判者的不同的视角，提供不一样的解读，体现不同的价值趋向和评价标准，因此，缺点存在具有一定的必然性。世界之所以美好，也恰恰在于舆论的参差不齐。人在矛盾中生活，人在矛盾中成长，这是具有普遍性的发展理论。

我们要有承认缺点和错误的信心和勇气。学会坦然面对，以平常心，办平常事，不以善小而不为，不断修正自己，从而有所发展。但永远不要拿着放大镜观察自己的缺点，过于在乎缺点，会使得自己的性格有悲观的倾向，缺乏生活的激情和人生的活力。

我们要善于观察和分析自己的缺点，从中寻求"闪光"的东西。面对自己的缺点，绝不能动用雕刻刀，将它适之为社会大多数人的需要。也许这样做会带来心里的享受，但同时也失去了个性中的"闪光点"，变成了一个被多数人欣赏的鉴赏品，然而绝不是具有独特个性的艺术品。

我们要正确评判自己的缺点，将缺点变为特点，实现人性的自我超越，成为一个杰出的人。对待缺点我们不可愤怒和抵抗，而在于反躬自省，有则改之，无则加勉。孔子曰："无求备于一人"，微言大义，我们不能绝对化对待缺点和不足。存在缺点对于一个人，一个社会生活中的人来说是再正常不过的一件事情。正如米兰、茉莉香气袭人，花却并不艳丽；君子兰、牡丹雍容华贵，却并不怎么芳香；玫瑰色香俱佳，却偏偏有刺。美好的事物虽然有缺陷，但并不影响它的美丽。

我们要善待自己的缺点，从而快乐自己的人生。一些行为看起来似乎是你的缺点，可是在另外方面认识它，说不定就是你最大的优点。"横看成岭侧成峰，远近高低各不同"吗？鲁迅先生曾说过："倘若要完全的书，天下可读的书怕要绝无；倘若要完全的人，天下配活的人也很有限。"善待自己的缺点，克服缺点为你带来的不便，很好地利用自己的缺点，劣势也能转化为你最大的优势。

人们常常为被自己视为缺点的部分而遗憾、伤感、沮丧，却忽视了缺点中有价值的东西。我们要善待自己的缺点，对自己缺点的宽容，意味着不再疑惑，意味着不再拿错误惩罚自己，意味着不再患得患失，意味着给予自己发展的机会。

上帝为你关上一扇窗的同时，也肯定会为你打开另一扇窗的，看起来是自己的缺点，可能在另外方面说不定是你最大的优点呢？不懂得在痛苦中丰富和提高自己的人，多半是愚蠢和懦弱的人。

心灵悄悄话

我们要学会善待自己的缺点，学会在他人关注中成长，并保持笃定而坚韧的前行心态，相信缺点有可能就是你人生中的最大"闪光点"。善待自己的缺点，它也是一笔财富。

幸福是一种感觉

何必为痛苦的悔恨而失去现在的心情,何必为莫名的忧虑而惶惶不可终日,过去的已经一去不复返了,再怎么悔恨也是无济于事,未来的还是可望而不可即,再怎么忧虑也是会空悲伤的。今天心、今日事和现在人,却是实实在在的,也是感觉美好的,当然,过去的经验要总结,未来的风险要预防,这才是智慧的。

昨天已经过去,而明天还没有来到,今天是真实的。

何必为痛苦的悔恨而失去现在的心情,偶尔的抱怨发泄一下,也是十分必要的,但是无休止的抱怨只会增添烦恼,只能向别人显示自己的无能。抱怨是一种致命的消极心态,一旦自己的抱怨成为恶习,那么人生就会暗无天日,不仅自己好心境全无,而且别人跟着也倒霉。

抱怨没有好处,乐观才是最重要的。

我们常常无法去改变别人的看法,能改变的恰恰只有我们自己。坏的生活不在于别人的罪恶,而在于我们的心情变得恶劣。让生活变好的金钥匙不在别人手里,放弃我们的怨恨和叹息,美好生活就唾手可得。我们主观上本想好好生活,可是客观上却没有好的生活,其原因是总想等待别人来改善生活。

不要指望改变别人,自己做生活的主人。

终生寻找所谓别人认可的东西,会永远痛失自己的快乐和幸福。庸俗的评论会湮灭自己的个性,世俗的指点会让自己不知所措,为钱而钱会使自己六亲不认,为权而权使自己胆大妄为,为名而名会使自己巧取强夺。真实的我在刻意的追逐之中,会变成一张张碎片随风飘荡,世俗的我已变得面目可憎。

得到了媚俗,失去了真实,要坚定信心,拥有自我。

常有人感叹,活得真累!累,是精神上的压力大;累,是心理上的负担重,累与不累总是相对的,要想不累,就要学会放松,生活贵在有张有弛;心累,使人长期陷于亚健康状态;心累,会使自己精神不振。

心别太累,学会解脱自己。

不与别人盲目攀比,自己就会悠然自得;不把人生目标定得太高,自己就会欢乐常在;不刻意追求完美,自己就会远离痛苦;不是时时苛求自己,自己就会活得自在;不每每吹毛求疵,自己就会轻轻松松。

活得太累就会痛苦不堪,所以人要知足常乐!

讨好每一个人是不可能的,也是没有必要的,而且讨好每一个人,等于得罪每一个人,刻意去讨好别人只会使别人产生厌恶。因此,亲近别人要自然,投机心态要改变,有时间讨好,不如踏踏实实做事,讨好别人总是靠不住,自己努力才实实在在。

莫被一时之得失冲昏头脑,一味陶醉于暂时的胜利,自己一定要居安思危,切莫居功自傲,扬扬得意,陶醉胜利,意味着驻足停顿,陶醉胜利,意味着失去警惕,人生路上要永不松懈,胜利仅仅是一个小小的路标。要想取得最后的胜利,只有努力,努力,再努力。

把每一天过好是最大的幸福,快乐源于每天的感觉良好,总忧虑明天的风险,总抹不去昨天的阴影,今天的生活怎能如意? 总攀比那些不可攀比的,总幻想那些不能实现的,今天的心情怎能安静? 任何不切实际的东西,都是痛苦之源,生命的最大杀手是忧愁和焦虑。

许多人都在刻意追求所谓的幸福;有的虽然得到了,其代价却巨大无比,哲人说,幸福是种感觉。幸福的感觉随满足程度而递减,与人的心境、心态密切相关。

幸福是种感觉,不知足,永不会幸福。

心灵悄悄话

先哲们说:"得之越艰,爱之越深,拥有幸福,常思艰难。"一个人总是感觉不到幸福,是自己的最大悲哀。

用快乐点亮前程

漆黑如墨的夜里，一个盲人手执一盏亮晃晃的灯笼踽踽独行，被一路人撞见。路人奇怪地问："你横竖都是看不见，打灯笼干什么？"盲人答曰："不是为我自己，是为了让别人能看见我，以免撞到我身上。"

人生的幸福美满其实就是一种感觉、一种心情。你是欢欣鼓舞，轻松快乐，还是孤独苦闷，疲劳不堪，主要由心态来支配。我们必须学会经常让心灵放个假，做到内心平衡安宁，才能感受到生活的轻松快乐和人生的幸福美好。

空虚忧郁之时，给心灵放个假。在平淡的日子里寻找不平淡的感觉，从没意思的事情寻求出它的有意思，打破现状，超越寂寞、空虚和内在的贫乏，去体现生活的快乐和意义。

失败沮丧之时，给心灵放个假。不因一时的失败而心灰意冷，用希望打开一条活路。精神是生命的真正支柱，只要它不垮下，生命就不会变形。

成功得意之时，给心灵放个假。头脑要清醒，不盲目乐观，不气盛用事，不好大喜功，不满足现状，心中存有忧患意识，能清醒地看到还有很长的路要走。

苦闷茫然之时，给心灵放个假。不因奔波、跌倒、无助而抱怨，不因往事而悔恨，不为未来的事情而担忧，不畏惧生活，敞开心灵，勇敢地面对一切。

疲惫不堪之时，给心灵放个假。生活中不是只有打拼，还要有享受，不要只忙于事业，忙于挣钱，忙得不顾命。累了就歇歇，做好自我调节，找到工作生活、事业家庭的平衡点。

感情淡漠之时，给心灵放个假。时时用美丽友善的心感悟生命的真谛、人生的多彩、生活的幸福，以及友情的可贵，用柔软仁爱的心去善待身边的每一个生灵。

不幸降临之时，给心灵放个假。生命需要锤炼才能饱满厚重，从容地迎接命运的挑战。办法总比困难多，诸多人生难题总能圆满解答。

生气发怒之时，给心灵放个假。尽力克制自己，用冷静浇灭心头火，试着找出建设性的方法解决问题，用宽容对待伤害。人生苦短，没有必要把自己的精力都消耗在小事上面。

恐惧胆怯之时，给心灵放个假。人生难免经历风雨，不能害怕压力，不能逃避责任，勇敢地迎上去、战胜它，自己就成了生活的主宰。

执着出现之时，给心灵放个假。贪得者身富而心贫，知足者身贫而心富，在人生追求的过程当中，淡泊明心，既不绝望于人生的苦，也不执着于人生的乐。

人生就是一碗酸、甜、苦、辣、咸五味俱全的汤，每种滋味你都可能品尝，我们无法选择，只能调整心态去适应。

塞尔玛陪伴丈夫驻扎沙漠的陆军基地里。丈夫奉命到沙漠去演习，她一个人留在驻军的小铁皮房子里，天气热得令人受不了——在仙人掌的阴影下也有125°F。她身边的墨西哥人和印第安人不会说英语，没有人可以陪她聊聊天。她非常孤独也非常难过，于是就写信给父母，说要丢开一切回家去。

她父亲的回信只有两行，就这两行字却永远地留在了她的心中："两个人从牢中的铁窗望出去，一个看到泥土，另一个却看到了星星。"塞尔玛一再读这封信，觉得非常惭愧。她决定要在沙漠中找到星星。后来，她成了世界著名的沙漠专家。一个人心态不同，看到的会不同，感受到的也会不同。正是良好的心态改变了塞尔玛的人生。

心灵悄悄话

人生一世，活的就是一种精神。我们要适时地给心灵放个假，拥有一副健康的身体，养成一种良好的心态，过着一种从容安适的生活。心灵安顿了、平衡了、丰盈了，我们的人生也就快乐了、美好了、无憾了。

人的命运不能复制

在生活中我们经常听到这样的话:"如果让我回到从前,我会……""如果以前那次我抓住了机会,我就……"听到这样的话,你是不是觉得很熟悉,因为我们自己也许就刚刚说过或者曾经说过。

人生没有两条完全相同的道路,正如世界之大,却没有两张完全相同的面孔一样,可以相似,甚至惟妙惟肖,但绝不会不差分毫。比如,你可以借鉴前人的人生经验,追寻前人的脚步,但沿途看到的却绝对不会是相同的风景,和你相伴同行的绝对不会是相同的旅伴,所以面临的也绝对不会是相同的机会。每个人出身的不同、学识的不同、才能的不同,以及机遇与性格的不同等,决定了各不相同、千差万别的人生道路。踩着别人的脚印前行,你迟早会发现,前方已经没有了路,而我们要做的,是在前人没有走过的地方,踏出一条新的路,一条属于自己的人生之路,命运不能复制,人生无法重来。

人生的旅途,千条万条,分支无数,每走一步,都需要做出艰难的选择,没有谁会事先知道,哪一条是死胡同,哪一条通向光明?我们会无数次地站在人生的十字路口上,无数次地面临着不同的抉择,向左走,向右走?没有经验,没有向导,没有提示,没有路标,一切都要凭借自己的智慧和勇气,做出选择和决定,正因为人生的舞台没有彩排,也没有重演,所以人生路上我们的每一个选择和决定,都必须深思熟虑、三思而行,对自己负责,对命运负责,对不能重新来过的人生负责。

因为前途莫测,所以充满了诱惑与挑战;因为无法重来,所以更显悲壮与豪迈。正是由于压力与挑战并存,诱惑与机遇同在,人生才如此波澜壮阔、多姿多彩啊!世界上不存在完美无缺的人生,也不存在一帆风顺的人生之路,每个人的人生旅途中都难免会有磕磕绊绊、步履蹒跚的时候,都会走弯路和走错路。没关系,朋友,走累了就歇一歇,跌倒了就爬起来,掸掸身上的尘土,继续上路。

成功者之所以成功，是因为他们目光始终坚定地眺望着前方，而失败者之所以失败，是因为他们不敢正视前方的旅途。成功者懂得，挫折和磨难是人生必须的历练，风雨过后总会见彩虹，更懂得人生不能重来，所以更加珍惜生命的时光，只争朝夕，而失败者却因为遭受到偶尔的挫折打击，就对前方的坎坷充满了畏惧。他们惧怕前方的泥泞和坎坷，恐惧旅途的荆棘和风雨，所以止步不前，只会抱怨着生活的不公和人生的艰辛，他们其实也知道人生不能重来，但他们不知道的是，现在和未来却可以自己掌握和争取。

字写错了可以擦掉重写，画画错了可以撕掉重画，唯有人生之路，走错了却没有归途，所以我们要慎重地对待人生中的每一步。但这并不是让我们在人生的旅途中瞻前顾后、止步不前，也并不是说走错了一步就会满盘皆输、万劫不复了。人生中更重要的是，百折不挠的意志和勇于认错的态度，发现走错了就重新调整人生的坐标和前进的方向，成功的道路千万条，条条大路通罗马，只要我们坚持不懈，永不放弃，终会另辟蹊径，殊途同归，赢得最后的成功和幸福。但不可否认的是，有的人可能为了调整那走错的那一步，会付出了终生的努力，可是，那努力和奋斗的过程，不就是成功的人生吗？努力过，就没有失败，争取了，就无所谓赢输。

人生不能重来，人生也无法预知长短，但我们可以控制的，是人生的内容，是人生的质量，是生命的品质，是生命的宽度。庸庸碌碌没有追求的人生，即使再长也只是一本吃喝拉撒的流水账，乏善可陈、味同嚼蜡，而拼搏进取、充实丰满的人生，即使很短也是一首清新隽永的小诗，寓意深刻又回味无穷。

人生不能重来，所以我们要更加珍惜现在，珍惜现在的生活，珍惜现在的拥有，不要悔恨过去，不要抱怨命运，因为在悔恨和抱怨中过去的每一分、每一秒，都是我们不能重来的人生啊！

心灵悄悄语

第三篇 莫为明天哀伤

生命中最大的悲剧不是死亡，而是没有活在当下、珍惜当下。不要总以为一辈子有多么的长，要把每一天都当成最后一天来过，对于你爱的和爱你的人，应该在当下就好好珍惜，千万不要等到失去了才懊恼万分。

第四篇

好心境是自己创造的

人们在生活中，会面对形形色色的事情，关键以什么样心态和心境去处理各种各样的问题与矛盾。

我们常常无法去改变别人的看法，能改变的恰恰只有我们自己。坏的生活不在于别人的罪恶，而在于我们的心情变得恶劣。

让生活变好的金钥匙不在别人手里，放弃我们的怨恨和叹息，美好生活就唾手可得。我们主观上本想好好生活，可是客观上却没有好的生活，其原因是总想等待别人来改善生活。不要指望改变别人，自己做生活的主人。

开启自己的快乐之门

人生于世，人们在繁忙的工作中，经常遇到成功与失败；在生活上，也经常遇到快乐与悲伤、开心与失落、生老病死等诸多问题。

大千世界里，由于每一个自然人的世界观和思想观点不尽相同，因此，他们处理事情与行为的方法、效果、感受，也就截然不同。只有树立正确心态的人，才能起到承上启下的促进作用，也就不会故步自封、自欺欺人，甚至坏了大事。

人们在人生中，会面对形形色色的事情，关键以什么样心态和心境去处理各种各样的问题与矛盾。

当人们在工作、学习，以及生活中，取得成绩或成功的时候，就会感到无比的兴奋、无比的高兴、无比的开心、无比的自豪，但是不能沾沾自喜、骄傲自满，而应该发扬成绩，再创佳绩。

当人们在工作、学习以及生活中，出现不尽如人意或者失败的时候，一定要树立正确的世界观，用正常的心态去面对各种人和事，检查自己的不足之处，并牢记：失败乃成功之母，多一点善于总结经验，做出合理的计划，然后努力去实施。这样就会十分容易地迎来胜利曙光，照亮人生，实现人生奋斗目标。

在现实生活中，对于人生的生老病死的问题，不少人都会认为：有生必有死，谁也无法逃避，这是人生的一个自然规律。特别生病和死亡，当它出现的时候，一定要以积极的、乐观的、正面的态度去面对，笑对人生，并深深地明白它是人生必须经过的狂风暴雨，也是人生的必然结果。

对于金钱的问题，人们常说："金钱不是万能的，没金钱也是万万不能"。这说明了金钱的重要性。可以说，它是人们赖以生存的必要条件。但是，金钱一定要来源于合法的渠道。人们拥有的财富到了一定程度是没有真正的意义，为什么呢？因为钱太多了，自己用不完。俗语说："钱是生不带来，死

不带去的"。因此,人们不应过分地追逐金钱,不做金钱的奴隶,要做金钱的主人。也不要将自己拥有的金钱与他人对比多与少,应该与自己过去的情况进行对比,有改善和提高就心满意足、开心极了。这样的话,你就会感到其乐融融,快乐常伴左右。比如,世界首富、电脑大王比尔·盖茨,他把自己来源于社会的财富回馈于社会,从自己的财富中拿出大部分的金钱成立一个慈善基金会,专门资助世界上贫穷落后的国家的有关人士,帮助他们解决燃眉之急,渡过难关。

在人生的道路上,人们有机会结成好朋友,也是一种缘分的表现。只有彼此的世界观、人生观、价值观、爱情观,以及性格、文化知识、爱好等方面趋同,并能志趣相投、相互尊重、相互理解、相互支持、求同存异,才能不断地和永恒地发展友情。否则就停滞不前或者痛苦一生,甚至会容易产生不欢而散、分道扬镳的结果。

在崔永元所著的《不过如此》一书中,有这样一段对话:一天,鞠萍见崔永元忧心忡忡,便打趣地问道:"小崔哥,有什么不开心吗?"

崔永元不知从何说起,一声叹息。

鞠萍问:"你以前上班骑自行车吧?"

崔永元说:"骑,刮沙尘暴都骑。"

"挣的钱也没有现在多吧?"鞠萍又问。

"那当然。"崔永元回答说。

鞠萍听后笑了,一脸的阳光,对崔永元说:"好日子过着,还有什么不快乐的。"

鞠萍几句话,说得崔永元一切烦恼皆除,一身轻松。

心灵悄悄话

只要人们能以好的心态去面对世界上各种人和事,就会轻松潇洒地活出自我、活出价值、活出精彩、活出快乐,实现人生的目标。

别让心态毁了你

保持什么样的心态就会有什么样的行为方式,而行为方式决定着一个人的人生走向。心态能够成就一个人,心态也够毁掉一个人。

成功人生的八种心态:

坦然的心态:幸运不可能永远降临于一个人的头上,反倒是各种各样的困难时常陪伴左右。只有以坦然的心态面对一切困难,才不会让困难毁掉自己的意志,才有希望跳出困境的旋涡。

快乐的心态:人生中不顺利的事情很多,自然也就拥有太多不快乐的理由。以快乐的心态主宰自己的情绪,事情往往产生更加积极的结果。

适应的心态:适应不等于妥协,而是实现自我的必要策略,是给自己营造一个更适宜的生存环境。

隐忍的心态:不是什么事情、什么情况下都可以用强争的方式来达到目的。遇事退一步,成功反而可能进一步,这就是生活中的哲学。

变通的心态:固执的心态常让我们的思维囿于一角,片面地看问题、做决断,我们不能让固执赶走生命中不可多得的精彩,而应以变通的心态迎接一切变化。

老实的心态:很多的人以张扬自我作为人际关系的准则,但是无一例外地因为由此而致的坏人缘毁了自己的生存空间,反倒是那些老实人的心态获得了好人缘,使他能够在人生的台阶上稳步攀升。

开明的心态:每个人的脑子里都有一些成见,这些成见影响我们的心态,应学会用开明的心态看待事物,别轻易下结论。不被这些成见误事。

超越的心态:不妨遇事看开一点,该放手时就放手,以超然的心态去追求,方能品尝幸福的甘泉。

有一个快乐的农夫,每一个早晨他都有些迫不及待地向新的一天问好:

"上帝，早上好！"他的邻居，一个心事重重的中年农妇，每天早上的问候语与他类似："上帝，早上好吗？"

这两个人似乎是一个对立的世界，一个总是快快乐乐，另一个总是愁容满面；一个乐观自信，另一个悲观多疑；另一个总是发现机会，一个总是找寻问题……又一个阳光明媚的早晨，他欣喜地对邻居叫道："多么明朗的天空！你曾经看到过这么壮丽的日出吗？""是的，天空的确很晴朗。"她回应道，"但它同时也会带来炎热，我真担心它会把农作物烤焦。"

在上午的阵雨过后，他评论道："这真是一场及时雨啊，农作物今天可以开怀畅饮一次了！""但愿老天能见好就收，别一下就下个没完，那样的话，农作物可是吃不消的。"农妇忧心忡忡地说道。

"即便如此，你也大可不必如此担心，别忘了，我们都参加了洪水保险的。"农夫安慰农妇道。为了让心事重重的邻居开心快乐起来，农夫费尽周折地弄来了一条漂亮的狗。这可不是一条普通的狗，而是一条训练有素、身价不菲的德国犬，它有很多让人啧啧称赞的技能。农夫深信，这条不同寻常的狗一定能够让他的邻居的脸上写满惊喜。

这一天，农夫特意请来他的邻居，请她观赏德国犬的精彩表演。

"把木棍给我取回来！"农夫把一根木棍扔进湖里，大声命令道。德国犬在听到主人的命令后，立即飞快地向湖边跑去，并毫不犹豫地跳进了湖中。它在湖中上下翻腾着，一会儿浮出水面，一会儿沉入湖底，没过多久，就口衔木棍回到了主人身边。农夫赞赏地抚摸着德国犬的脑袋，兴高采烈地问农妇道："怎么样？这家伙表演得还可以吧？"

农妇手捂胸口，眉头紧皱地回答道："我都快揪心死了！我看它在湖里上下翻腾，总担心它的水性不够好，生怕它淹死在湖里！"

心灵悄悄话

生活中，总有一些人，整天开开心心、快快乐乐，烦恼似乎永远找不到他的家门；也总有另外一些人，天天愁云密布、眉头不展，烦忧之事似乎成了家中常客，一件紧接着一件。快乐还是忧伤，自然有各种各样的现实原因，但最根本的原因只有一个：你的心态。

让自己适应世界

所谓变通,顾名思义,就是以变化自己为途径,通向成功。哲学家讲:"我改变不了过去,但是可以改变现在;想要改变环境,就必须改变自己。"文学家讲:"明智的人使自己适应世界;而不明智的人坚持要世界适应自己。"我们每天面对层出不穷的矛盾和变化,是刻舟求剑以不变应万变,还是采取灵活机动的变通方式应万变,这是我们需要确立的一种做人做事的心态。

在漫长的人生旅途中,每一个人不能不面对变化,不能不选择变化,不能不正确地处理变化。学会变通,不仅是做人之诀窍,也是做事之诀窍。我们如何提高自己的变通能力呢?

学会变通要审时度势,打破常规

所谓审时度势,就是要明确相同事物相似之处和相似事物的不同之处。如何审时度势呢? 一是要有一个良好的心态。这种心态可以概括为两个字,即静与空。静就是冷静和宁静、达到平心静气、心平气和的状态;空就是由无私而无欲,达到内心的空明澄静。宋代大文学家苏东坡对静与空有两句名诗:"静故了群动,空故纳万景。"意思是说,一个人只有内心宁静之后,才能接纳外界的景色。现实生活中,我们会发现一些人之所以不能审时度势,并不是由于其智商不高,而恰恰就在于他们内心不能达到"空"与"静"的状态。如果一个人心浮气躁,他就看不见事物的本来面目,就会主观行事,一错再错;如果一个人心平气和,他就能认清事物的本来面目,就能够万事得理,一顺百顺。二是要学会换位思考。有位作家讲:"肯替别人想,是第一等学问。""上半夜想自己的立场,下半夜想别人的立场。"香港著名企业家李嘉诚是一位十分擅长换位思考的人。他有一句名言:"与人合作你能分到十分,你最好只拿八分或七分,这样你就会有下一次合作。"三是要打破常规。世界著名科学家贝尔纳说:"构成我们学习最大障碍的是已知的东西,而不是未知的东西。"莎士比亚也说:"别让你的思想变成你的囚徒。"爱默生说:

"宇宙万物中,没有一样东西像思想那样顽固。"作茧自缚这个成语,说的就是习惯按所谓既定的规则行动,结果不敢越雷池一步。对于遵守常规的人来说,一切都是不可能的;而对于一个喜欢打破常规的人来说,一切都是可能的。

学会变通要借助外力为我所用

一个人不管自恃有多大本事,个人的力量毕竟是有限的,但是却可以借用外力,使自己强大起来。这也算是一种变通。有一则笑话:一个大汉在街上喊:"谁敢惹我?"看到这位膀大腰圆的大汉,人们纷纷闪开。这时来了一个更大的大汉。他走了过去,大叫一声:"我敢惹你!"围观的人群本想让两个大汉较量一番,没想到他们竟联合起来。虽然一台好戏没看成,但大家悟出一个道理,借助别人的力量,自己就可以变得强大起来,这就是借的变通术。

学会变通,要有勇气应对变化

勇气是什么? 勇气是一个哨音、一声呐喊、一个命令,它的作用就是调动起自己全部的能力去迎接变化和挑战。有一个美国人曾对数百个百万富翁做过一番调查,发现这些百万富翁并非都是名牌大学毕业的,其中不少人是智力平平者,然而他们创新的勇气却大大超过前者。一个人想学会变通,首先必须鼓足勇气。勇气是人的一种非凡力量,它虽然不能具体地去处理某一个问题,克服某一种困难,但这种精神和心态却能唤醒你心中的潜能,帮助你应对一切变化和困难。

学会变通要有信心开发潜能

所谓信心,就是一种心态潜能。一个人对自己充满信心的时候,常常就是他获得成功的时候。有一位心理学家指出:"人的悟性里有一种倾向:如果将自己想象成什么样子,就真会成为什么样子。"也就是说,如果你是一个充满信心的人,有信心克服困难,有信心处理问题,有信心获得成功,那么,你身上的一切能力都会为你的信心去努力,你也就有可能成为你希望成为的那样。反之,如果你缺乏信心,总认为自己没有能力去做这一切,尽管有能力,你的一切能力也就会随之沉寂,自然你也就成为一个没有能力的人。

学会变通要善于改变自己的思维定势

人的思维方式,常常出现两大定势:一是直线型,思维不会拐弯抹角,也不会逆向思维和发散思维;二是复制型思维,常以过去的经验作为参照,不

容易接受新鲜事物。西方有一句谚语："上帝向你关上一道门，就会给你打开一扇窗。"诗人陆游有诗云："山重水复疑无路，柳暗花明又一村。"只要我们不拒绝变化，并且改变自己的思维习惯，改变自己的观念，我们就能走出困境，开辟新的天地。

实践证明，不管你是觉察到还是没有觉察到，不管你是愿意还是不愿意，每个人时时刻刻都在寻求变通。所不同的是，善于变通的人越变越好，而不善于变通的人却是越变越差。我们只要掌握了变通之道，就会应对各种变化，在变化中寻找到机会，在变化中取得成功。

心灵悄悄话

在变化概率日益增多和变化不断加速的今天，因循守旧是不可能进步的。每个人都要有一种求新求变的心态，才能跟得上时代的发展。不妨为自己树一个座右铭——不变不通，一变就通。

给自己一点勇气

有一个青年跋山涉水去寻找勇气。用了三个月时间,他找到智者居住的木屋。他前去敲门:"我不远万里而来,想寻找勇气。"智者说:"现在太晚了,你明天再来吧!"第二天一早,他又来到智者门前敲门。智者说:"现在太早了,我还没到起床的时候,你明天再来吧!"

第三天、第四天、第五天,青年去敲门,智者均以不同的理由打发走了他。第六天青年去敲门时,智者说:"我要休息了,你明天再来吧!"青年怒从心起,大声说:"每次我来你都这样推三阻四,我何时才能找到勇气?"说完他踢开了智者的门,直冲进屋去。智者笑眯眯地看着怒发冲冠的青年说:"这不,你已经找到了勇气!"

很多事表面上看起来很难完成,实际上却很简单,只要我们拿出一点勇气去尝试,往往就会收到预想不到的效果。我们每个人都有勇气,这是我们自身用不完的财富,要懂得合理利用,否则就等于浪费。

记得有位哲人曾经说过:"播种一颗善良的种子,就会收获美丽的人生;而播种一颗罪恶的种子,则会面临惨淡的人生。"生活中有很多人希望自己能够获得一份美好的人生,至少应该去做一点像模像样的事情,过上美好的日子,不必整天为生活担惊受怕。但是,在这个世界上,有很多人都只能是过着为生活忙碌奔波的日子——每个人都曾经失败过,但并不是每个人都可以成功的,这是一条人生至理。也许我们自己并不这样觉得,因为在我们的生命中,许多人给我们灌输的,差不多都是成功的理念,所以我们也就习惯地期待着可以成功的日子,而渐渐地把自己变成一个经不起失败的人。

失败,让我们常常会感到惧怕,听任自己周围的人的所作所为,深深地受到伤害,更糟糕的是,我们会有愧疚感,甚至还荒唐地认为,别人对我们不好,是因为自己的错。事实上,我们应该有勇气去相信,自己并不是一个很难相处的人，也不是别人眼中毫无是处的家伙，所以不应该成为别人非难和指责的目标，更没有必要去适应别人对自己的态度。对于那些根本就是无中生有或者极不公平的非难和指责，本来就不应该逆来顺受。没有办法摆脱这种观念的阴影，我们就无法在人生的道路上走得更远。

很多时候自己也不明白，而且经常自问自责，为何明明已经可以握在手中的东西，却在一眨眼变得遥不可及，就像煮熟的鸭子飞了一样。虽然从希望变成失望的感受，是每一个人都会有的，但是当眼前那样真切的东西，在忽然之间就离我们远去，那种刻骨铭心，却让人一辈子也难以忘怀。我们常常没有勇气去相信这样的事实而变得悲伤、消沉或者是感到痛苦，有的人甚至是从此一蹶不振。其实无论是悲伤、消沉、痛苦还是一蹶不振，我们都只需要给自己一点勇气，就可以做些事情使自己从这种心态下走出来。

为了别人，有时候我们可以活得那样的坚强与自信，可是一旦我们认识到要为自己而活，却总是显得那样的脆弱和无力。其实我们不应该去把生活想象得太过于困难，一切都可以像我们吃饭和睡觉一样简单。我们并不是生而成就的人，所以本来就不应该去惧怕失败与挫折。很多事情不是我们自己做不来，而是我们没有勇气和魄力去做，所以千万不要小看给自己的这一点点勇气，觉得它并没有什么多大的用处，其实它可能就是点燃你心中希望之火的那块火石。

给自己一点勇气，勇敢地告诉自己，摒弃失败的回忆，留下身边的美丽，让生命不再随风而逝！

心灵悄悄话

第四篇　好心境是自己创造的

勇气就是敢于行动。成功的人和失败的人，最大的区别不在智力的强弱、能力的高低，而在于是否相信自己，是否敢于冒险，敢于对自己的判断采取果断的行动。勇气就是遭遇困难也不会低头。

停下来 等一等

成功在很多时候取决于每一个人对成功与失败的态度。在成功的道路上，你没有耐心去等待成功的到来，那么，你只好用一生的耐心去面对失败。也就是说，成功只垂青于有耐心的人。

不要急着要生活给予你所有的答案，有时候，你要拿出耐心等一等。即便你向空谷喊话，也要等一会儿，才会听见绵长的回音。也就是说，生活总会给你答案，但不会马上把一切都告诉你。

这才有滋味，这才会等到滋味。譬如，一朵花的开放，一树翠绿的长成，生活的美好，是在我们的等待中一点一点接近我们的。所以，如果你是一个急性子，希望不要苛求生活为你变成急脾气。请让它在慢条斯理中，为你孕育美好。

一个旅人，行走在路上。在一条大河旁，他看到了一个婆婆，正在为渡水而发愁。已经精疲力竭的他，用尽浑身的气力，帮婆婆渡过了河，结果，过河之后，婆婆什么也没说，就匆匆走了。

旅人很懊悔。他觉得，不值得耗尽气力去帮助婆婆，因为他连"谢谢"两个字都没有得到。哪知道，几小时后，就在他寸步难行的时候，一个年轻人追上了他。年轻人说，谢谢你帮了我的祖母，祖母嘱咐我带些东西来，说你用得着。说完后，年轻人拿出了干粮，并把胯下的马，也交给了他。

岁月是一棵枝柯纵横的巨树。而生命，是其中飞进飞出的雀子。如果哪一天，你遭遇了人生的冷风冻雨，你的心已经不堪承受，那么，也请你等一等，要知道，这棵巨树正在生活的背风处，为你站出一种春天的气象，一点一点靠近你。

是的，只要你肯等一等，生活的美好，总在你不经意的时候，盛装莅临。

全国著名的推销大师，即将告别他的推销生涯，应行业协会和社会各界的邀请，他将在该城中最大的体育馆，做告别职业生涯的演讲。

那天，会场座无虚席，人们在热切地、焦急地等待着，那位当代最伟大的推销员，做精彩的演讲。当大幕徐徐拉开，舞台的正中央吊着一个巨大的铁球。为了这个铁球，台上搭着高大的铁架。

一位老者在人们热烈的掌声中，走了出来，站在铁架的一边。他穿着一件红色的运动服，脚下是一双白色胶鞋。

人们惊奇地望着他，不知道他要做出什么举动。

这时两位工作人员，抬着一个大铁锤，放在老者的面前。主持人这时对观众讲：请两位身体强壮的人，到台上来。好多年轻人站起来，转眼间已有两名动作快的跑到台上。

老人这时开口和他们讲规则，请他们用这个大铁锤，去敲打那个吊着的铁球，直到把它荡起来。

一个年轻人抢着拿起大铁锤，拉开架势，抢起大铁锤，全力向那个吊着的铁球砸去，一声震耳的响声，可那个铁球动也没动。他就用大铁锤接二连三地砸向铁球，很快他就气喘吁吁。

另一个人也不示弱，接过大铁锤把铁球打得叮当响，可是铁球仍旧一动不动。

台下逐渐没了呐喊声，观众好像认定那是没用的，就等着老人做出什么解释。

会场恢复了平静，老人从上衣口袋里掏出一个小锤，然后认真地面对着那个巨大的铁球。他用小锤对着铁球"咚"敲了一下，然后停顿一下，再一次用小锤"咚"敲了一下。人们奇怪地看着，老人就那样"咚"敲一下，然后停顿一下，就这样持续地做。

十分钟过去了，二十分钟过去了，会场早已开始骚动，有的人干脆喊叫起来，人们用各种声音和动作发泄着他们的不满。老人仍然一小锤一停地工作着，他好像根本没有听见人们在喊叫什么。人们开始愤然离去，会场上出现了大片大片的空缺。留下来的人们好像也喊累了，会场渐渐地安静下来。

大概在老人进行到四十分钟的时候，坐在前面的一个妇女突然尖叫一声："球动了！"刹那间会场立即鸦雀无声，人们聚精会神地看着那个铁球。

那球以很小的摆度动了起来，不仔细看很难察觉。老人仍旧一小锤一小锤地敲着，人们好像都听到了那个小锤敲打铁球的声响。铁球在老人一锤一锤的敲打中越荡越高，它拉动着那个铁架子“哐、哐”作响，它的巨大威力强烈地震撼着在场的每一个人。终于场上爆发出一阵阵热烈的掌声，在掌声中，老人转过身来，慢慢地把那个小锤揣进兜里。

老人开口讲话了，他只说了一句话：在成功的道路上，你没有耐心去等待成功的到来，那么，你只好用一生的耐心去面对失败。

心灵悄悄话

不要急着要生活给予你所有的答案，有时候，你要拿出耐心等等。即便你向空谷喊话，也要等一会儿，才会听见绵长的回音。

别为了要面子而活受罪

豆豆是个七岁的男孩,他活泼爱动,喜欢问东问西,对世界都充满着好奇。有一天豆豆妈带豆豆去朋友家做客,朋友见豆豆活泼可爱,就拿来一罐糖果,送他带回家去吃。豆豆连连摆手,表示不要。

豆豆妈在旁很高兴。朋友以为豆豆害羞,就把糖硬塞到他怀里。豆豆拿着糖,眨着大眼睛天真地问:"阿姨!我可不可以用糖换你后面书架上的书?"

豆豆妈的脸涨得通红。朋友惊讶地笑道:"哈!豆豆真是爱学习的孩子,长大准有出息,你看看给糖不要,想要书,好!阿姨最喜欢爱学习的孩子,这书架上的书你随便挑,糖和书阿姨都送给你。"

豆豆妈刚想阻止豆豆。可他早就蹦蹦跳跳到了书架边,挑了一本自己喜欢的卡通漫画抱在了怀里。豆豆妈的脸都绿了。回到家中,豆豆妈生气地责怪豆豆:"你这个孩子真没礼貌,人家给你糖,你竟然用糖去换书,你这样做让我多丢面子,好像咱们家买不起书一样。"

豆豆被妈妈凶巴巴的样子吓了一跳,小声问:"妈妈!什么是面子?"

妈妈气呼呼地说:"面子就是别人给你什么你都不应该要,要客气地说我家里有。"豆豆更不明白了,他挠着头说:"可是咱们家没有这本漫画书,也没有糖?"妈妈听完暴跳如雷地说:"你这孩子真笨,你不知道要把没有说成有,这才有面子嘛。"

豆豆愣了,他嘴里叨咕着:"把没有说成有,面子可真有问题。"

面子既不能不要,也不能都要。我们一定要对这个问题有一个正确的认识。否则,自以为要了面子,而实际上往往是丢了面子,丢了面子也许事小,但为了面子而活受罪则实在是不划算的。

面子能当饭吃吗?面子能让你交到更多的朋友吗?面子能让你更成功

吗？不能！在我们没有成功之前，就不要高谈阔论，因为我们还没有那个资格。

面子固然重要，这并不矛盾，那是当你成就事业后的问题。

在我们没有成功前千万不要谈面子，更不要太顾面子，为什么？很简单，如果有一天，你有事要求助他人，但你害怕他不答应，自己在面子上过不去，所以你欲言又止，最后你还能如愿以偿吗？

放下面子，你会发现少了不少烦心的事；放下面子，你将会更开心、更快乐、更年轻、更富有魅力；放下面子，你会发现越来越有成功感。

放下面子做人，有什么不好？不要太在意别人怎么看，怎么评价，那是他们的事、他们的权利。他说由他说，不要生气不要恼火，我们用不着拿他人的过错来惩罚自己。因为，我们要放下面子；因为，我们要快乐，要魅力十足，要阳光；因为，我们要更快地茁壮成长，更快地成功。每个人的贡献都不同，也许你就是最好的那一种。别人说什么真的不重要，特别是那种身份、地位都逊于你的人，不要把别人的建议和意见全部装进自己的大脑，给自己的大脑留一个思考的空间。永远不和别人比，没有完全相同的两片树叶，他是独一无二的，同样自己也是独一无二的。

放下面子，做一个真实的自己；放下面子，更快乐地去经营自己。一些事情争或不争并不会对我们的生活甚至整个人生有什么影响，这时我们不妨大度一些、退让一些。

很多时候，与朋友或同事发生的一些大的矛盾或分歧在最起初时也许只是小小的意见不合，而人们为了所谓的"面子"都不愿意退让，怕从此被人看低，最终把小小的不和演变成了不可收拾的争端，两败俱伤。如果当初懂得让步，就能够避免之后的若干麻烦。正所谓"忍一时风平浪静，退一步海阔天空"。

大部分时候，与别人赌气、与别人争执，最终伤害的却都是我们自己。即使在争端中我们占了上风，而最终又能得到什么呢？恐怕最多的还是在争执中浪费的精力、脑力、体力带来的伤害，如果能退一步，我们将收获一份心灵的宁静，以及别人对我们的尊敬。

做个生气的记录本；记录下你每次与人发生争执和生气的时间、原因，过一段时间重新翻看一遍，或许你会发现大部份理由都是微不足道，甚至无聊可笑的。以后再遇到类似的情况，你也就不会像炮仗一样，一点就着了。

在很早的时候，森林里的鸟儿都不会唱歌。直到有一天，从很远的地方飞来了一只很会唱歌的云雀，它的歌声那么婉转动听，感动了森林里所有的鸟。

所有的鸟一致要求云雀教它们唱歌。经不住所有鸟儿的苦苦恳求，云雀答应了。

开始教歌的第一天，云雀首先教音符。它教一声，大家就唱一声。教了一会儿，云雀为了检验学生们学习的情况，让它们一个个地站出来单独试唱。第一个点的是乌鸦。乌鸦忸忸怩怩地站了起来，不好意思地低声发出了声音。因为它的羞涩，发出的音符走了调，大家一下哄堂大笑了起来。这一来乌鸦羞得脸红脖子粗，它暗地里想："唉！多丢人呀！丑死了！"

云雀制止了大家的笑声，为了更准确地纠正乌鸦的发音，它请乌鸦大声再唱一遍。乌鸦却想："这不是存心丢我的面子吗？我才不愿再丢丑呢！"它一声也不吭，懊恼地飞走了。从此再也不接受云雀的邀请。

云雀后来又让其他的鸟来唱。其他好多的鸟最初几次发音也走了调，大家也同样地嘲笑了它们，但那些鸟儿却都没有像乌鸦那样飞走，而是总结经验，认真听从云雀的指导，耐心地学了下去。

后来，森林里其他的鸟儿都学会了唱歌，声音悦耳动听，唯独乌鸦到现在还不会唱歌，偶尔叫喊几声仍然是当初走调的声音。

心灵悄悄话

死要面子的人是学不到本领的。坚定自己的信心，宽容他人，虚心向他人求教，才是做好自己工作的正确途径。而死要面子不肯认错，或者逃避学习都只能导致失去工作和发展的机会。

第五篇

选择了生活就别抱怨

抱怨就像侵蚀思维的一种慢性毒药。在我们的大脑中毒的同时，我们的人生态度、行动被"抱怨"这种强烈的毒性感染。

在抱怨的生活中，我们的意志不断受到消磨，就像可以"溃堤"的蚂蚁一样，精神之堤瞬间被生活的洪水化为乌有。

我们就像陷入抱怨的泥潭中，无法自拔。在庸常生活的抱怨中，找不到灵魂的出路，囿于抱怨的牢房。不知道如何走出抱怨的世界，给自己一个完美的世界。

远离抱怨是智者

有这么一头驴,掉到了一个很深很深的废弃的陷阱里。主人权衡一下,认为救它上来不划算,走了,只留下它孤零零的自己。每天,还有人往陷阱里面倒垃圾。

驴很生气,但更多的是无奈:自己真倒霉,掉到了陷阱里,主人不要他了,就连死也不让它死得舒服点,每天还有那么多垃圾扔在它旁边。可是有一天,它决定改变自己的人生态度,它每天都把垃圾踩到自己的脚下,而不是被垃圾所淹没,并从垃圾中找些残羹来维持自己的体能。终于有一天,它重新回到了地面上。

在生活中,我们的身边充满了各种各样的抱怨:抱怨孩子不懂事,抱怨家人不体谅自己,抱怨付出多、薪水低,抱怨不公平,抱怨不合理,抱怨人生不如意……有的抱怨是我们说给别人听的,有的抱怨是别人说给我们听的。但是,几乎没有人抱怨过自己:我为什么会有这么多的抱怨呢?

抱怨就像侵蚀思维的一种慢性毒药。在我们的大脑中毒的同时,我们的人生态度、行动被"抱怨"这种强烈的毒性感染。在抱怨的生活中,我们的意志不断受到消磨,就像可以"溃堤"的蚂蚁一样,精神之堤瞬间被生活的洪水化为乌有。

我们就像陷入抱怨的泥潭中,无法自拔。在庸常生活的抱怨中,找不到灵魂的出路,围于抱怨的牢房。不知道如何走出抱怨的世界,给自己一个完美的世界。

葡萄牙作家费尔南多·佩索阿说:"真正的景观是我们自己创造的,因为我们是它们的上帝。我对世界七大洲的任何地方既没有兴趣,也没有真正去看过。我游历我自己的第八大洲。"就像费尔南多·佩索阿说的那样,在生活中,我们才是自己的上帝,我们在创造自己的完美世界。

我们才是拯救自己的上帝。远离抱怨的世界，我们才能在自己生活的原点改变自我，发现一个全新的自己，从而改变自己的命运，收获成功的喜悦和幸福的生活。

远离抱怨的世界，正视自己，为自己准确地定位。你会发现，在生活中演绎好自己的角色才是最美好的事情。

远离抱怨，改变自我，发现全新的自己。你会看到，每天都充满笑容的自己，从而明白抱怨之外的世界更美好。

远离抱怨的世界，接受现实。你会看到曾经忽视的风景，家人、朋友、社会，原来一切都是美好的，只因自己被抱怨的迷雾遮住了双眼。

远离抱怨的世界，学会感恩。你会感受到爱的涌动，温暖的气息遍布周围的世界，从而收获一道世间最美的风景。

远离抱怨的世界，善于放下。你会感到没有了烦恼，一时间，看透了得失，战胜了自己，才懂得原来放下也是一种快乐。

远离抱怨的世界，学会吃亏。你会体会到原来自己不是孤独的，才理解吃亏是福，吃亏是一种"快乐"的投资。

远离抱怨的世界，偶尔糊涂。你会感到"难得糊涂"的真谛，方懂得做人有时少一些计较，会多一份美丽。

远离抱怨的世界，学会包容。你会感到周围充满友善的目光，才会明白包容是金的道理。

心灵悄悄话

随着抱怨的增多，我们奋斗的动力也在逐渐消退，致使我们越来越陷入困境，而似乎抱怨的内容给我们提供了一个安于困境不能自拔的理由。于是，我们就开始学会接受"命运的安排"，殊不知，命运的安排是让我们通过这次考验之后，收获另一种人生，而我们在抱怨中白白浪费了。

改变自己　从放弃指责开始

　　我们常常为失去的而嗟叹,但往往忘了为现在所拥有的而感恩。人们在追求完美的过程中,花了不少的时间来抱怨人生的种种不如意,如果你同样用这些时间来感恩一下,你会发现生活是多么的美好,你也像那幸福的人一样,拥有很多的快乐,而不是烦恼。

　　"当我们很少欣赏他们的时候,我们就很少感激他们;当我们不再感激他们的时候,我们就开始抱怨他们。"不要因为我们内在的缺失,就让我们学会厌倦外面的精彩;不要因为我们缺少了珍惜与欣赏,就让我们学会抱怨而忘记了感恩。

　　别再抱怨上天的不公,它对待我们每一个人都是一样的,难道你会觉得它是在故意捉弄你吗? 别再抱怨人生的道路太曲折,如果不是因为这些曲折,你怎会有现在的坚强意志呢? 别再抱怨自己的命运太苦,你知道命运是由谁主宰吗? 命运其实就掌握在自己的手中。别再抱怨生活太无奈,如果不是生活,你怎知道酸、甜、苦、辣,你怎知道自己生活中那多彩的一幕幕。别再抱怨那些不如意的事,只要你放开心扉,从另一个角度去思索,会发现上天是公平的、人生的道路是通畅的、自己的命运也不是最苦的、生活也是精彩的……这就是感恩。

　　感恩,不仅是一个微笑、一次关怀、一种回报……更是一种积极的工作态度、生活态度和更本、更真、更纯、更宽厚的为人之道。感恩父母,养育我长大、鼓励我成长;感恩亲人,掸落我疲惫的尘埃,伸出宽厚、温暖的手掌;感恩师长,他们给我教诲让我抛却愚昧,懂得思考;感恩朋友,无私的友情在心与心之间流淌;感恩社会,赋予我责任的重担并努力肩扛;感恩青春,让我拥有年轻并将个性张扬;感恩过去,让我在心底小心将往事收藏;感恩现在,让我懂得珍惜拥有并不断发展开创;感恩将来,赋予我新的勇气与美丽梦想!

　　时时怀着一颗感恩的心,不只可以祛除自己心中抱怨的种子,更可以让

自己的事业、生活甚至生命变得更加温馨、快乐和充满动力。学会去改变自己，从放弃指责埋怨，学习宽恕，尝试感恩，放弃抱怨，到开始寻找快乐，进而掌控自己的生命走向，你会发现一切都是那么的美好！

美国的海关里，有一批没收的脚踏车，在公告后决定送拍卖会拍卖，每次叫价的时候，总有一个十岁出头的男孩喊价，他总是以五元钱开始出价，然后眼睁睁地看着脚踏车被别人用三十、四十元买去。

拍卖暂停休息时，拍卖员问那个小男孩为什么不出较高的价格来买。男孩说，他只有五元钱。拍卖会又开始了，那个男孩还是给每辆脚踏车相同的价钱，然后被别人用较高的价钱买去。

后来聚集的观众开始注意到那个总是首先出价的男孩，他们也开始察觉到会有什么结果。直到最后一刻，拍卖会要结束了。拍卖员问："有谁出价呢？"这时，站在最前面，而几乎已经放弃希望的那个小男孩轻声地再说一次："五元钱。"拍卖会停止唱价，只是停下来站在那里。这时，所有在场的人全部盯住这个小男孩，没有人出声，没有人举手，也没有人喊价。直到拍卖员唱价三次后，他大声说："这辆脚踏车卖给这个穿短裤、白球鞋的小伙子！"此话一出，全场鼓掌。那个小男孩拿出握在手中仅有的五元钱钞票，买了那辆毫无疑问是世上最漂亮的脚踏车时，他脸上流露出从未见过的灿烂笑容。

这个小男孩没有抱怨手中的钱太少，也没有抱怨拍卖员不近人情。他仍旧执着地对自己的目标不放弃。因此，他那坚定的信念终于帮他获得了他梦寐以求的自行车。

心灵悄悄话

只要你能换一种角度、换一种眼光去看待这个世界，换一种思维，换一种态度去对待自己的人生——"珍惜、欣赏、感恩"。你就会发现这个世界是如此美好，你的人生是如此精彩！

在抱怨面前一笑而过

在英国北部的一个小山村里，住着一户人家，这户人家可以称得上是这个贫困小山村中最贫穷的人家了。

约翰逊是这户人家里最小的一个孩子，一天，约翰逊的祖父、父亲还有哥哥和姐姐因为吃了有毒的蘑菇而死去。约翰逊一下子就失去了四位亲人。

母亲几乎要崩溃了，但是看到年幼的约翰逊她必须要好好地活下去。就这样母子二人相依为命，到了约翰逊十四岁的时候，城里有人来招工，约翰逊谎称自己已经十六岁，然后就来到了伦敦。

在工厂里，他们每天要工作16个小时以上，而且工资还少得可怜。尽管这样，但约翰逊也只能在这里干下去，因为他对伦敦一无所知，而且口袋里一分钱都没有。约翰逊在工厂里的一个放废品的角落里发现了一本医学专著。在其他人都累得倒头大睡时，约翰逊却如饥似渴地读着这本书。以他的文化水平，这本书的很多地方读起来很难懂，但是约翰逊却像着了迷一般，一有空就捧着书看。渐渐地，约翰逊居然成了这里小有名气的小医生。

口袋里攒下一点钱的约翰逊决定要在医学道路上发展，他在旧书摊上买了很多有关医学方面的书，可就在此时他得到了从家乡传来的消息：母亲得病身亡了。刚刚对生活有了新希望的约翰逊感到痛苦极了，他不知道自己的遭遇为什么这样坎坷，也许上天不想让自己成为一个治病救人的医生。正在他感到灰心的时候，他偶然在一本书中看到了美国著名作家华盛顿·欧文说过的一段话："如果有人总是抱怨自己的天赋被埋没的话，那通常都是推辞，是那些慵懒的人和意志不坚定的人在公众面前故作姿态而已……"

他在给别人的信中这样写道："所有对世界的抱怨都是不公正的，我从来没有见到一个真正被埋没的天才。一般情况下，是那些失败者自己的错误导致了他们的霉运。"

第五篇 选择了生活就别抱怨

约翰逊果然没有失败。几年之后，那位曾经口袋里几乎一无所有的乡下人就成了伦敦城里有名的约翰逊医生，他凭借高超的医术赢得了崇高的威望。

当人们背负着烦琐的裂裟，总试图去挖掘心底那些许的平衡点与支撑点，赘赘的包裹舍弃不了，沉淀的只有烦躁和不安。言语与行为的亵渎，在喧嚣的尘世中宣泄，得以解救与超生，但凡事后悔恨不已，却为时已晚……抱怨来去，得到的最终只是永不停息的抱怨，叨念的话语得不到任何实质意义的东西，心灵的慰藉、渴望的意念，在抱怨声中渐渐淡去。可是，埋怨又何时是尽头……

其实，上天对每个人都是公平的。遇挫，从某种意义上来说，却未尝不是一件好事，记得曾经一位好友说：当我们遇上挫折时，不应该有任何埋怨，反而该感谢上天，又赋予了我们一次锻炼的机会，积累的挫折多了，后面的路才会越来越平坦，因为你学会了应对可能发生的任何事。把不休止的抱怨转化成冷静的思考，也许就会有意外的收获。抱怨，除了发泄时的那一刻，自己看似的舒坦，得不到任何东西，反而会让你更加浮躁、不自信。任何事都需怀着一颗平和的心，成功，就不会遥远。

未来的路都需要我们一步一个脚印，踏踏实实地走好，即便遇上再大的风浪，起码天不会塌；即便今天的任务再烦琐，起码明天的阳光依然闪耀。成功的人从不抱怨，如果我们都想成为成功的人，那么请不要抱怨，没有完美的世界，不是所有电影都以喜剧收场，毕竟生活不是看电视剧，乐观地对待一切。成功的第一步——从不抱怨开始！

如果您想抱怨，那么请在你抱怨的前一秒钟，一笑而过。

心灵悄悄话

从来没有一位成功人士是通过抱怨走向成功的，没有一件事情是用抱怨来解决的。抱怨只会徒增烦恼，只会让人家看不起，只会让心情更加失落。

别拿生活当借口

"不要整天抱怨生活欠你什么,生活根本就不知道你是谁"。——这是一位气急了的农民面对儿子无休无止的抱怨时,口吐的华章。细细品味,这句话很具有教育意义,那些不愿意付出艰辛努力的人都会找出很多推辞和借口,当实在没有什么事物作为借口时,他们就会抱怨上天不公正。一般来说,最后获得成功的人积极主动并且反应灵敏,他们时刻准备着迎接任何机会和挑战,推辞和借口很少会在他们的字典中出现。

当今社会发展进步很快,人民的物质生活、精神生活都在不断地提高。现代社会、现代思想,造就了现代新一批的年轻人。可以说,现在的孩子尤其是富家子弟,从小生活条件都很好,父母溺爱孩子,给他们创造很优越的生活条件。殊不知过分的溺爱等于毁灭。走上社会他们也许就没有那么顺利了,从小没有锻炼,就会遇到很大的障碍,这样一度会使他们陷入迷茫和困惑当中,极度地抱怨周围的人和事。无法忍受挫折,严重的可能都有自杀的心理。殊不知生活的本质,要靠自己努力不能完全依赖别人。自己只会抱怨,不把这些精力放在了解生活、认识生活上去。

当一个人时常在抱怨时,那么这个人的心情肯定会糟糕的,更使原本就很无味的生活更加暗淡起来。

在抱怨时,可能会因为一件小事而破坏了情绪。也许在工作和生活中总会遇到烦心的事,于是抱怨自己、抱怨别人,连亲人和朋友都不得不听我们的唠叨,但最终的结果呢,没有人能够帮助我们,问题还是要靠自己来解决。

而在我们抱怨的同时,可能还会失去很多东西。在抱怨别人不够关心帮助和体贴的时候,我们已经失去了别人的关心帮助和体贴,人往往都是那样的,很难进行反省,都是觉得自己没有做错什么,所以只有当人们自觉醒悟过来时才会有所改变。我们的抱怨却导致了逆反情绪,甚至换来冷言冷

语,就算别人听不到我们的抱怨,我们也毁坏了自己的情绪。

假如心情不好,就转移一下注意力,找些自己感兴趣或者高兴的事去做,用很多方法排解心中的郁闷,心情好了之后,继续以乐观向上的心态努力地工作和生活,一定要战胜自己,这样无论对人对己都是有益而无害的。仰望蓝蓝的天空,是多么的广阔无边,飘动的朵朵白云,恍如人来世上行走,做一朵微笑的云朵吧,尽管它也会哭泣。只要你充满自信和不懈的努力,你就会有更广阔的天空。

无论我们生活在繁华的都市,还是生活在烟雾吹袅的乡村,我们的脚步都是如此匆匆的,在节奏快半拍的今天,我们都有疲惫的时候,心情也会沉沉浮浮,在了无人际的世界里,任凭你是怎样的挣扎,都是化为落叶随风而去,与泥水共度几个春秋、几个世纪,如果还有轮回,千百年的世纪里也是过眼云烟。

茫茫人海里有我们匆匆的脚步,当我们在沉淀着自己的时候,或许有许多种文字可以表达,实现着一种轻松的梦想,没有任何理由去庸人自扰,更不必无病呻吟。在泪流满面之时,有几滴是为自己,我们可以流泪,但不要失去自己,如果失去了自己,只会让人觉得可怜,而没有可爱。

微笑着从容坦然地面对生活,从内心深处释放着乐观的情绪,人生苦短为何不打造自己最精彩的生活空间呢?垂头丧气和怨天尤人只会让人心烦和郁闷。

心灵悄悄话

世界上只有你想不到的,没有做不到的。所以提醒现在正处于困惑和抱怨当中的朋友们振作起来,用自己的行动让生活认识你。

抱怨让生活更无趣

大千世界，芸芸众生，我们身边总有些喜欢抱怨的人，当然，也包括我们自己，都是一个粗糙的生命，是需要经受生活的慢慢打磨，而变得光洁、明亮。

生活里，抱怨很多，有人抱怨生活不如意，有人抱怨事业不顺心，有人抱怨孩子不听话，有人抱怨婚姻不幸福。每个人都有抱怨，而抱怨也各种各样，抱怨这，抱怨那，似乎这个世界就没有不可以抱怨的东西似的。

然而，抱怨过后，回头想想："当抱怨之后，我们得到了什么呢？"

也许，我们得到的，只是一堆发泄后的无奈和一烂摊子的烦心事，而对于环境、生活，没有任何的改变，也许，唯一改变的只有心情变得烦躁，本来平静的天空，多了一片阴霾。

人生是厚重的，生活是褶皱的。人生不能一帆风顺，生活不是事事如意的；人生不是完美无瑕的，生活不是完美顺心的；人生不能随意涂画，生活不是想怎么就怎么；人生有路途漫漫，生活是苦乐参半；人生不都是风轻云淡，生活有悲欢离合，也只有这样，我们的生活才是丰富的世界。

我们谁都有自己的生活，谁都离不开生活，谁都不能鄙视和逃避生活，人生有很多事情是不尽如人意的，生活中，十之八九也都是如此。如果每天都在抱怨，那么，自己的世界里怎么会有美好存在呢？

人生起起落落、风风雨雨、曲曲折折、坎坎坷坷，是不可改变的事实，想想这些不能改变的事实，难道我们只有抱怨吗？难道不能换个角度，改个心境？

在这个世界上最应该受到抱怨的是我们自己，面对困难没有勇气，碰到挫折没有自信，通常只会怨天尤人、怨声载道，却从不曾问自己对生活努力了吗？用心了吗？

仔细想想，不管我们的生活是婉约惆怅，还是粗狂荒凉，抱怨只能让事

态变得更糟,反而,不抱怨却可以是一种转机和坚强了。

但凡一个喜欢抱怨的,一定是懦弱的,不敢自己承担,却将责任推给生活和别人,自欺欺人,活得痛苦、卑微。

但凡一个习惯抱怨的人,一定是缺乏自信的人,总是依赖命运能给自己幸福,能让自己比别人快乐,而不付出辛苦,得到收获,即使付出一点,也要百倍的回报。

但凡一个每日抱怨的人,是不知足的,即使拥有整个世界,也不觉得满足,仍然还有抱怨,总是不平衡,总是不满足。

抱怨是一种心态,抱怨生活的不堪,只能说自己内心有多不堪,抱怨别人残忍,只能证明自己不懂感恩,也许,他抱怨不是目的,只是想证明自己的价值,或者引起别人的注意。

抱怨是一种毒瘾,适当的抱怨可以是情绪的发泄,可以是心情的调整,但是,当到达一定程度时,就上了瘾,甚至会传染别人,害人害己。

抱怨是一种病态,仇恨自己不喜欢的,嫉妒自己得不到的,是一种异常的思想,常常用不公平这个借口来麻醉自己,遮掩自己的病痛。

抱怨是一种愚昧,是头脑发热,是一种不尊重自己的生命,不尊重他人的尊严,而自私狭隘的心性,烦闷、急躁,而不懂得理智分析的一种结果。

其实,人生大可不必抱怨什么,我们做不了大事,可以做小事;我们做不了大人物,可以做小人物,量力而行,自得其乐。

其实,我们根本不需要抱怨什么,人生就是个相对的事物,有欢喜就有悲伤,没有那么多一帆风顺。福无双至,祸不单行,也是平常,懂得生活,多给自己些平静的接受。

其实,我们抱怨得越多,内心的痛苦越多,抱怨的越少,乐观就会越多,当把抱怨当成一种习惯了时,那也就是丢失了整个世界。

如果我们能做到不抱怨生活,也不失为一种人生的智慧,同时也就具有了豁达的胸怀、宽容的气魄,为此,世界也就和谐了许多,生活也就阳光了许多。

如果我们能做到不抱怨别人,也是一种美德,也就懂得了感恩,懂得帮助是互相的,懂得关心也是相互的,如果你能用轻松的态度对待别人,别人也会给你一个清爽的微笑。

如果我们能做到不抱怨生活,不抱怨别人,从自己身上找原因,扭转一

下看问题的角度,懂得世界上没有完美的事情,任何事情都有一个逐渐完善的过程,这样就可以心平气和地生活和对待别人了。

坐在时间的长廊,看岁月的风云,你会有所感悟:"人生与其抱怨什么,不如完善自我,放下抱怨,发现生活的乐趣,扩展生命的深度,不要挑剔别人的缺点,懂得反省自己的缺点。"

面对时光的静好,看人生的风景,你会有所感悟:"人无完人,金无足赤,世界不并是完美无瑕的,不平衡,不满足,不公平的事情也太多,如果能多一些对生活的洞悉,多一些人生的醒悟,保持积极乐观、享受生活、知足常乐,宁静淡泊的姿态,有什么不好?"

在时光的缝隙里思考,在悠长的岁月里感悟,你会发现:"一个懂得生活的人,一个健康乐观的人,根本就不会去抱怨生活的磨难、人生的曲折,而是遇事先静下心来想想怎么去化解矛盾和解决问题,然后乐观而睿智地生活。"

光阴流逝,不要让岁月留给我们太多的抱怨,在磨炼中应该给自己一些淡泊;人生过往,不要让往事给我们留下太多的迷惑,而应经历磨砺而不抱怨,这才是生命的从容;面对生活,我们不应该无止境的抱怨,应该用坚强和睿智去面对,这样才能感受到生活里温馨、恬淡的美妙时光。

心灵悄悄话

人生苦短,红尘深浅,人生如果要保持快乐,就要遵守一个原则:"相信自己,不要抱怨生活,从容面对坎坷;学会知足,不要抱怨别人,积极完善自我;相信自己,一切都会过去,不要抱怨,多一些快乐,不要抱怨,多一些简单,你会懂得,不抱怨也是一种人生的美丽。"

改变对待烦恼的态度

有一个英国小姑娘，他们全家都是虔诚的基督徒。在小姑娘很小的时候，她就佩戴着一个简洁的十字架，那个十字架很普通，但样式并不难看。可是，小姑娘总觉得自己的十字架太重了，简直要把自己纤细娇嫩的脖颈都压断了。而别人的十字架似乎看起来都很轻巧可爱，所以她一直希望能和别人交换一下。但是，这种东西谁肯轻易交换呢？

于是，她决定出门去寻找一个满意的十字架。

一天她来到一座华丽的大教堂。小姑娘高兴极了，因为她发现那里有一个展柜，里面陈列着各种各样、不同材质、不同大小的十字架，看起来眼花缭乱，个个都那么精美。

她先是看上了一个表面镶着钻石和黄金的小十字架，对它爱不释手，戴上这个十字架一定很舒服，也肯定能让自己更漂亮。但当她拿起来往脖子上戴的时候却发现，这个十字架沉极了，根本就不适合佩戴，而只能作为一件艺术品待在柜里。钻石和黄金虽然珍贵而美丽，但要是每天都戴着它们，那将是多么沉重的负担啊，她根本就不可能再迈起轻盈的脚步去跳舞了。所以，她放弃了。

她又来到另一个用檀香木雕刻的十字架面前，它上面有很多美丽的玫瑰花，她想，这个不错，也很漂亮，戴这个应该比上一个要容易多了。她轻松地拿起并挂在脖子上，可是玫瑰花的枝叶扎得她很难受，不一会儿，脖子就红了一片。所以，她又放弃了。

最后，她走到一个十分朴素的十字架面前，她拿起十字架，觉得这个是她最满意的，也是最容易戴的一个。当她定睛仔细观看时，却发现，原来这个正是她自己的那个十字架，她刚才试戴新十字架时，随手把它放在这里了。

人的一生中，烦恼无数。上学的时候，每天会因为学习的压力而烦恼；

大学毕业了会因为工作上的不顺而烦恼；当了领导又有工作环境的烦恼；年龄大了又有找对象的烦恼；终于结了婚，又有了家庭的烦恼；过了而立之年，更是烦恼不断。可以说，有生活就有烦恼，要处事就会遇到烦恼。

不同的人生阶段有不同的烦恼。一个人的生活不管是美满还是苦闷，都少不了烦恼缠身。旧的烦恼去了，新的烦恼又来了。生活的烦恼交织成人生的悲与喜，悲因烦恼而生，喜亦因烦恼而生，所以生活是烦恼的生活，人生亦是烦恼的人生。既然烦恼来了你躲也躲不掉，逃也逃不脱，那何不把生活中这些各个阶段的烦恼当作一种经历去慢慢感受呢？更何苦，有很多烦恼，本省就是庸人自扰呢。享受生活的辛酸与无奈，享受抗争的坚强与执着，享受在无误横流的现实面前自己更加平和的心态。享受烦恼，就是享受生活。

心灵悄悄语

烦恼并不会因为你的唠叨、抱怨而减少，反而会逐渐加重。与其为烦恼而愁，还不如改变对待它的态度。

第五篇　选择了生活就别抱怨

第六篇

哀伤时请看着前方

我们敲门时，上帝总是不在家。哀伤那么容易就到来，似乎天空一下雨就止不住。

诗人朗费罗为此感慨不已："你的命运一如他人，每个生命都会下雨。"下雨时，哀伤时，最值得做的事情就是：看着前方！一分钟不行，再看一分钟，久久地看，一次又一次地看，用一生的经历来看，用最真的爱满怀着希望来看。

看看是不是"所有的雨都会停的"，看看雨后的天空是不是更洁净、更辽阔、更美丽，是不是还会奇迹般地出现彩虹。

为你的人生雨季撑起一把伞

人的一生,会经历很多风雨,也会遇到很多挫折。挫折使我们痛苦,但同时又是一种挑战和考验,激励我们成长,这是生活的辩证法。问题的关键不在于挫折的有无和强弱,而在于我们对待挫折的态度。如果把挫折比喻为人生的风雨,把青少年时代比喻为多雨的季节,那么,当雨季来临的时候,我们就该及时地扪心自问:我该怎样面对雨季,我的伞在哪里?

从容面对、快乐掌控

面对挫折,不同的人有不同的态度。与其闪避、畏惧、排斥,不如迎面而上。面对不可拒绝的挫折,唯一可取的态度是从容面对,如果进而能够快乐地掌控挫折带来的烦恼,那么,一次"创伤"就会变为一颗宝贵的"珍珠"。"珍珠"是从愈合了的创伤之中升华出来的东西,它不仅可以有效地抚平伤痕,而且可以使我们珍视经验,减少错误。

有这样一则故事:一只蝴蝶没有经过破蛹前必须经过的痛苦挣扎,以致出壳后身躯臃肿,翅膀干瘪,根本飞不起来,不久就死了。这个小故事说明:痛苦是成长的必经之路,要得到欢乐,就必须能够承受痛苦和挫折。

在人的一生中,我们不只拥有挫折的痛苦体验,也拥有把不幸变为幸福、把伤痛变为无价奇珍、把令人痛心的缺陷变成新的力量的机遇。当我们从容面对,就可以掌控挫折;当我们有足够的勇气并保持快乐,就可以得到最珍贵的收获。

适度宣泄、尽早摆脱

面对挫折,有人惆怅悲观,把痛苦和沮丧埋在心里;有的人则选择倾诉——我赞成后者。如果心中苦闷,不妨找一两个亲近的人,把心里的话倾吐出来,这样,不健康的情绪就得到宣泄。宣泄是一种自我心理救护,它可

以消除因挫折而带来的精神压力。如果你还想活得有尊严,还想重头再来干点事的话,就不要像"祥林嫂"那样总是述说"阿毛"的故事。那只能说明你还没有从痛苦的阴影中走出来,你的哭泣只能提醒人们注意你曾经的无能。当你醒悟到还有那么多的正经事等着你去干的时候,就没有必要选择"秋菊"的方式,因为过度"打官司"的成本太高,总是"要说法"会影响干正事。用节省下来的时间去做你应该做的正事,也许你早就远离了某次"风雨"的影响。

激励潜能、独立自救

独立自救是生命中最闪光的品性,这已经被很多事例所证明。面对挫折的打击,有的人一蹶不振,有的人则激发潜能,自己拯救自己——前者没有看到自己的潜能,后者则充分地汲取了潜能的力量。

一头猪的腰部脱臼,在那里费力地趴着,孙子要去帮猪按摩,爷爷喊住了他,爷爷拿起一个土块向那头猪扔去,那头猪吓得挣扎着跑起来,爷爷在后面追赶它,只见那头猪跑着跑着腰部便上去了,恢复了正常。

人遭受挫折就好像小猪脱臼,真正能帮助它的不是别人而是它自己。有时,我们在挫折的伤痛中忽视了自己的潜能和改正错误的勇气,一味地等待外力的帮助,这就等于放弃了自己对自己承担的责任和义务,这是一种懒惰和没有出息的做法。

林肯发现的"马蝇效应"和无锡小天鹅集团的"末日管理",实际上都是一个道理:利用危机状态产生的压力激发生命体的巨大潜能。人是需要压力的,有了压力我们才不敢松懈,才会努力拼搏,才会不断进步。其实,在生活中让自己忙起来,是一种自我加压的方法。面对挫折,适度转移注意力,自我增加良性压力,可以有效改善自己的心境。比如,可以通过从事集邮、写作、书法、美术、音乐等趣味活动来调试自己的心情,缓解苦恼带来的种种压抑,随着时间的推移,沮丧也就渐渐淡忘了。

适当取舍、远离烦恼

放弃是一种智慧和境界,但是,面对现实的种种诱惑,又有多少人能够做到这一点呢?很多人原本也曾从容、平和地生活着,可一旦被太多的诱惑和欲望牵扯,便烦恼丛生。有的时候,我们将奋斗的目标定得过高;有的时

候,我们将奋斗的目标定得过多——这是我们遭受挫折的重要原因。无论是前者还是后者,都使我们深感心有余而力不足,最后都可能会导致迷失方向,走向绝望。

聪明的办法是学会取舍,不必事事争第一,舍弃自己还不具备能力与条件的目标不是坏事,"塞翁失马,焉知非福?"只有在明白了自己一生何求之后,去明智地取舍,并学会放弃,才能摆脱无谓的烦恼,拥有自在的生活。

总之,有些挫折看上去很可怕,但是,更可怕的却是我们对它的屈服。

对付挫折有许多办法,可以尝试着踏平它、跨过它,既不能踏平也不能跨过,就绕过它。有些挫折是不能磨平消尽的,对待它的根本方法是正视它、感悟它。只要我们有信心、有勇气,我们就能踩过泥泞,走过雨季,迈向成熟。

心灵悄悄话

生命本身就是奇迹,大自然的奇迹,宇宙间存在的奇迹。每一个人从诞生到成长,整个过程,生命的本身就值得我们去欣赏。也许,每一个人本身,就是一处风景,不同的风景。

第六篇 哀伤时请看着前方

89

人生的痛苦与快乐

一个人在一位画家的屋里见到了一幅非常特别的画。那是一张被装裱起来的白纸,在中间偏左上的位置,有一块黑渍。

他不明白这一块黑渍到底算什么生花妙笔,被画家挂在了墙壁正当中最为显眼的位置上,这个人琢磨了很长时间头脑里仍然是一片空白。

于是他向画家请教,画家说:"我的这幅画叫'快乐'。""快乐?"这个人不明白。在他的记忆中,没有哪个画家能画出快乐来。画家说:"中间这块黑渍是痛苦,每个人看到我的这幅画时,都是只看到这块痛苦的黑渍,却看不到背景里的快乐,我们的生活不是这样吗?多少快乐我们都视而不见,却被微小的痛苦遮住了双眼。"

这个人说:"按照你的说法,这张画应该是一张白纸。"他说:"没有痛苦,我们更看不到快乐。"这个人明白了,人们的眼里,总是盯着痛苦,而快乐常常是被人们忽略了的那一部分。

人的一生中,都曾沐浴幸福和快乐,也会历练坎坷和挫折。幸福快乐时,我们总是感觉时间的短暂;而痛苦难过时,我们却抱怨度日如年。幸福和痛苦本来就是双胞胎,上帝是公平的,痛苦往往是伴随幸福并存。会享受幸福,也要学会享受痛苦,享受幸福会增加你的成就感,享受痛苦则会提高你的自信心和忍耐力。身陷痛苦的囹圄,你的心灵颤抖了吗?地处绝望的深渊时,你坚持了吗?这就要看你有没有坚定信念和意志力。

当我们遇到坎坷、挫折时,不悲观失望,不长吁短叹,不停滞不前,把它作为人生中一次历练,把它看成是一种人生成长中的常态,这将助你更好地谱写出自己的人生精彩。

人生必有坎坷和挫折!挫折是成功的先导,不怕挫折比渴望成功更可贵。

挫折足以燃起一个人的热情,唤醒一个人的潜力,而使他达到成功。有本领、有骨气的人,能将"失望"变为"动力",能像蚌壳那样,将烦恼的沙砾化成珍珠。

不经历风雨,怎能见彩虹?没有失败的人生绝不是完美的人生。当你战胜失败的时候,你会对成功有更深一层的感悟。就是在这样一次次的感悟中,你走出了一个完美的人生。

真正有成就的人,都是在经历了失败和挫折之后才取得辉煌成就的。

生命不轻言放弃,漫长的人生中,谁也不可能一帆风顺,谁也难免要经历挫折和坎坷。被挫折历练后的人总是更顽强、更成熟、更勇敢,也就能看到近在咫尺的成功,也就是我们离成功更近一步。遭受挫折不但可以使人生积累经验,而且挫折可使人生得到不断的升华。所以我们更应该正视挫折、珍爱生命。

生命是自己的,前程是自己的,幸福也是自己的。我们要珍爱生命!挫折有利有弊,它能够让人进步、积累经验,同时也能让人坠入万丈深渊,我们要以正确的心态去看待。正确认识挫折的客观性和实用性,变挫折为力量,战胜生活中的挫折与坎坷,把宝贵的生命用于为祖国做贡献……

人生中,快乐带给我们愉悦,痛苦则能带给我们回味。在人的一生中,真正的快乐,我们很难想起,但痛苦却往往难以忘记。既然痛苦不可避免,我们又无法抗拒,为什么不学会面带微笑应对痛苦的来临呢?

时间会告诉过去,痛苦也能告别回忆。生活恬淡、心境平静带着一种可贵的朴素美,如果在这种美上再加上享受,就会锦上添花,美上更美。学会接受,学会忍受,学会享受,学会宽容,学会慈爱,学会珍惜,这样将使你的人生更加光彩照人。

心灵情情话

没有品尝过挫折的人,体会不到成功的喜悦;没有经历过挫折的人生,不是完美的人生。

勇敢面对逆境

曾经有悲观主义哲学家说，我们出生时之所以哇哇大哭，是因为我们预知生命必然充满痛苦，至于迎接新生命到来的成人之所以满心欢喜，是因为世界上又多了一个来分担他们的苦难的人，当然，这是消极、负面的论调。人生是苦是乐，都是内心的感受，一切都得靠我们亲自体验，一遇挫折，或许遭遇不幸之时会让我们感到痛苦，但正因为有了它，我们才能更加坚强、勇敢。

从前有个悲惨的少年，10 岁时母亲因病去世，由于父亲是个长途汽车司机，经常不在家，也无法提供少年正常的生活所需，因此，少年自从父母过世后，就必须自己学会洗衣做饭，照顾自己。

然而，老天爷并没有特别关照他，当他 17 岁时，父亲在工作中不幸因车祸丧生，从此少年没有亲人了，也没有人能够依靠了。只是，噩梦还没有结束，在少年走出悲伤，开始独立养活自己时，却在一次工程事故中，失去了左腿。然而，一连串的意外与不幸，反而让少年养成了坚强的性格，他独立面对随之而来的生活不便，也学会了拐杖的使用，即使不小心跌倒，他也不愿请求别人伸手帮忙。

最后，他将所有的积累算了算，正好足够开家养殖场，但老天爷似乎真的存心与他过不去，一场突如其来的大水，将他最后的希望都夺走了。少年终于忍无可忍了，气愤地来到神殿前，怒气冲天地责问上帝："你为什么对我这样不公平？"上帝听到责骂，然后满脸平静地反问："噢，那里不公平呢？少年将他的不幸，一五一十地说给上帝听。上帝听了少年的遭遇后说，原来是这样，你的确很凄惨，那么，你干吗要活下去呢？少年听到上帝这么嘲笑他，气得颤抖地说，我不会死的，我经历了这么多不幸的事，已经没有什么能让我感到害怕，总有一天我会靠我自己的力量，创造自己的幸福。

上帝这时转身朝向另一个方向，并温和地说："你看，这个人生前比你幸运得多，他可以说是一路顺风地走到生命的终点，不过，他最后一次的遭遇却和你一样，在那场洪水里，他失去了所有的财富，不同的是，他之后便绝望地选择了自杀，而你却坚强地活了下来。"少年大悟，30岁时，不但事业有成，而且娶妻生子，生活美满。

或许，从我们出生，发出了生命中的第一次哭声时，我们就开始感受到，人生必定充满了泪水与艰辛，但是，也唯有这些艰难，才能凸显出生命的可贵与不凡，让我们在撒手人寰的时候笑着离开。其实，许多人的命运都向这个少年一般，经历了种种痛苦与磨难，最后的结果会有所不同，因为每个人承担磨难的心境不同，唯有经过磨炼的生命，才能累积出坚强的生命力，也唯有历经风风雨雨的人，才知道生命的难得与珍贵。

心灵悄悄话

欣赏生命，需要一份平和的心态，需要淡雅的清丽，需要一份轻松的愉悦，需要快乐的心情。欣赏生命，需要一种坦荡，需要一种从容，不为外物所打扰。欣赏生命，是对生命的一种珍惜、一种尊重，真正领悟到生命真谛的人，会怀着一颗单纯而睿智的心，抚慰心灵，欣赏生命。

生命的奖赏远在旅途终点

人们是怎样从大米的白、高粱的红、葡萄的紫里发现了酒的透明与清醇?

传说有两个人与神仙邂逅,神仙传授他们酿酒之法,叫他们选端阳那天饱满起来的米,冰雪初融时高山流泉的水,调和了,注入深幽无人处千年紫砂土铸成的陶瓷,再用初夏第一张看见朝阳的新荷覆紧,密闭七七四十九天,直到鸡叫三遍后方可启封。

像每一个传说里的英雄一样,他们历尽千辛万苦,找齐了所有的材料,把梦想一起调和、密封,然后潜心等待那个时刻。

多么漫长的等待啊。第四十九天到了,两个人整夜都不能寐,等着鸡鸣的声音。远远地,传来了第一声鸡鸣,过了很久,依稀响起了第二声。第三遍鸡鸣到底什么时候才会来? 其中一个再也忍不住了,他打开了他的陶瓷,惊呆了,里面的一汪水,像醋一样酸。大错已经铸成,不可挽回,他失望地把它洒在了地上。

而另外一个,虽然也是按捺不住想要伸手,却还是咬着牙,坚持到了三遍鸡鸣响彻天光。多么甘甜、清澈的酒啊! 只是多等了一刻而已。从此,"酒"与"洒"的区别,就只在那看似非常普通的一横。

而许多成功者,他们与失败者的区别,往往不是机遇或是更聪明的头脑,只在于成功者多坚持了一刻——有时是一年,有时是一天,有时,仅仅只是一遍鸡鸣。生命的奖赏远在旅途终点,而非起点附近。我们不知道要走多少步才能达到目标,踏上第一千步的时候,仍然可能遭到失败。但成功就藏在拐角后面,除非拐了弯,我们永远不知道还有多远。

的确,人人都想成功。但最后能够成功,品尝到胜利的喜悦的人,往往

只有千分之一，更有可能只是万分之一。诚然，运气是一部分。可我觉得，在各行各业取得辉煌成就的人，他们都拥有一个共同的特性，那就是能坚持自己的梦想，并不轻易放弃。

坚持就是胜利，这并不是一句空话。早在以前，就有许多有名的哲学家强调过坚持的重要性，钱学森说过："不要失去信心。只要坚持不懈，就终会有成果的。"钱老的一席话道出了成功的根本。可无奈，生活在大都市下的人们，完全没有这个耐性，只是用浮躁、焦急的心态去完成一件事情，梦想也有，但模糊不清！人们总是心头火热三炷香，今天想起了自己的梦想，便急急忙忙地去做某件事，可是！这样的热情能有几天呢，过不了多久，便又放下了梦想，回到大街匆匆的人群中，就是如此。没有持之以恒的韧性，怎么能成功？其实他们最根本的原因就是无法坚持。还更有甚者，总是不停地更换自己的梦想，今天的梦想是买一辆豪车，明天又变成了周游世界的梦想。这样的人，是可悲的，他们被时间玩弄，年迈之后，回忆往昔，一事无成！可悲可叹啊！

所以，请过后关掉一切声音。好好考虑自己的梦想到底是什么？我要怎么样才能去实现？当然，这梦想可以很伟大，譬如我要做总统，这并不是个可笑的段子，被人所嘲笑的梦想才更有去实现的价值，不是吗？奥巴马从小的梦想便是当总统，坚持了十几年，在妻子的大力支持下，他成功了！因为他坚持了。但是记住，只要有梦想就有努力实现的价值，我们把它看作一个一个不同的目标去实现。

说到底，坚持说难不难，说易不易。只是看你有没有这个心思去做，许多人往往在坚持过后，觉得无所收获，便草草放弃了，这其实是最可惜的。当你坚持了一段时期，感觉自己一无所获的时候，别灰心！别放弃！这其实是在更新你的梦想进度，你看不到它。但请坚持，一旦更新到了100%。你就会一下子感受到收获的喜悦，这个时候，你就是个成功的人！

心灵悄悄话

当你有梦想的时候，请坚持。如果你没有这份毅力和决心，那就请放弃。因为那只是在浪费你的时间罢了。

留下一点空白

一只毛毛虫向上帝抱怨："上帝啊，你也太不公平。我作为毛毛虫的时候，长相丑陋又行动缓慢，而我变成了蝴蝶后，却美丽又轻盈。前期遭人厌恶，后期又太遭人喜爱。这是实在是不公平！"

上帝点了点头，说："那你准备怎么办？"

毛毛虫接着说："这样吧，平衡一下。我现在虽然丑陋，但你让我行动轻盈点儿；当我化为蝴蝶后，再让我行动迟缓一点儿。"

"这样啊，那恐怕你活不了多久啊！"上帝摇了摇头。

"为什么啊？"毛毛虫反问。

"如果你有蝴蝶的漂亮却只有毛毛虫的速度，是不是很容易就被人捉去呢？现在之所以没人碰你就是因为你的丑陋啊！"上帝语重心长地说。

毛毛虫想了想，决定还是做一只行动缓慢而长相丑陋的毛毛虫。

我们当然应该努力做到最好，但人是无法要求完美的。我们面对的情况如此复杂，以致无人能始终都不出错。

然而，有时人们并不能正确对待自己的过失。也许我们的父母期望我们完美无瑕；也许我们的朋友常念叨我们的缺点，因为他们希望我们能够改正。而他们难以谅解的是因为我们的过失总在他们最脆弱的时候触痛了他们的心。

这让我们感到负疚。但在承担过错之前，我们必须问问自己，那是否真是我们应背负的包袱。

也许正是失去，才令我们完整。一个完美的人，在某种意义上说，是个可怜的人，他永远也无法体会有所追求、有所希冀的感觉，他永远也无法体会爱他的人带给他某些他一直求而不得的东西时的喜悦。

一个有勇气放弃他无法实现的梦想的人是完整的；一个能坚强地面对

失去亲人的悲痛的人是完整的——因为他们经历了最坏的遭遇，却成功地抵御了这种冲击。

生命不是上帝用于捉弄你的错误的陷阱。你不会因为一个错误而成为不合格的人。生命是一场球赛，最好的球队也有丢分的纪录，最差的球队也有辉煌的一天。我们的目标是尽可能让自己得到的多于失去的。

当我们接受人的不完美时，当我们能为生命的继续运转而心存感激时，我们就能成就完整；而别的人却渴求完整——当他们为完美而困惑的时候。

如果我们能勇敢去爱、去原谅，为别人的幸福而慷慨地表达我们的欣慰，理智地珍惜环绕自己的爱，那么，我们就能得到生命中极其珍贵的圆满。

心灵悄悄话

"金无足赤，人无完人"。在我们的生活、工作、学习中，给自己留一点空白，也给他人留一点空白，你会发现生活原来是那么有滋有味、丰富多彩，在遗憾中体味人生的道理，明白人生的意义。

当你哀伤时，请看着前方

当你哀伤时，请看着前方。

每当我们哀伤的时候，我们很少看着前方，不是低低垂首，就是闭目不瞻，即便抬头仰望天空，也是越看越茫然。

哀伤时，自己的视野真的窄了，甚至拉上眼帘，不再观望前方的美丽和希望的曙光。闭上眼睛，将自己封闭在体内的黑暗当中，自然也听不到前方的召唤和春天的歌唱。看着前方，以平视的姿态看着远方，拥抱希望，这算是告别哀伤最优雅、最生动的仪式吧。

我们敲门时，上帝总是不在家。哀伤那么容易就到来，似乎天空一下雨就止不住。诗人朗费罗为此感慨不已："你的命运一如他人，每个生命都会下雨。"

下雨时，哀伤时，最值得做的事情就是看着前方！一分钟不行，再看一分钟，久久地看，一次又一次地看，用一生的经历来看，用最真的爱满怀着希望来看。看看是不是"所有的雨都会停的"，看看雨后的天空是不是更洁净、更辽阔、更美丽，是不是还会奇迹般地出现彩虹。

上帝总有回家的时候，雨总会停下，前方总有希望和喜悦。

花开花谢了无痕，执着于此，只能忧伤绵绵。如果能够看着前方，就会明白花谢之后是重上枝头的果实——花朵谢幕，果实登场，这就是风雨兼程后的实在喜悦。

生命本身就是奇迹，大自然的奇迹，宇宙间存在的奇迹。每一个人从诞生到成长，整个过程，生命的本身就值得我们去欣赏。也许，每一个人个体，就是一处风景，不同的风景。

生命的美丽与物质无关，与名利无关。所有的人都热爱生命，生命就是诗歌，生命就是歌曲，生命就是一本读不完的书，生命就是一杯清茶，生命就是一处风景。学会欣赏生命中的每一处风景，无论是雨季，还是艳阳天。

有人说，生命是一个过程，我们要珍惜过程。也有人说，生命就是一个结果，奔着目标一往直前。有人看重过程，有人想着结果。

无论如何，生命的每一处都是风景。带着安静，带着好奇，用眼看，用耳朵听，用心去感悟。生命过程中，有人得到了这个，有人得到了那个，谁都不可能全部拥有，谁也不可能什么都没有。每一个人的生命都不同，但每一个人的生命都是风景。

正如四季，春天有春天的美丽，夏天有夏天的热情，秋天有秋天的收获，冬天有冬天的深沉。生命需要我们有善于发现的眼睛，生命需要我们静静聆听，生命需要我们有一颗安静纯净的心去欣赏。学会欣赏生命吧，学会欣赏生命，也就是学会了欣赏周围每一个人，学会欣赏了自己。

生命值得我们欣赏，热爱生命的人才会欣赏，欣赏大自然中的生命，欣赏天空下的生命，学会欣赏大地上的生命，学会欣赏人类，学会欣赏生命中的每一处风景。

有人说，最大的哀伤莫过于光阴荏苒，年华易老。但看着前方，就会领悟前半生的流逝，将会带来果实累累的后半生，人生的喜悦正在前方不慌不忙地等待着我们。

当年，美国曾有一家报纸刊登了一则园艺所重金征求纯白金盏花的启事，在当地一时引起轰动。高额的奖金让许多人趋之若鹜，但在千姿百态的自然界中，金盏花除了金色的就是棕色的，能培植出白色的，不是一件易事。所以许多人一阵热血沸腾之后，就把那则启事抛到九霄云外去了。

一晃就是20年，一天，那家园艺所意外地收到了一封热情的应征信和一粒纯白金盏花的种子。当天，这件事就不胫而走，引起轩然大波。

寄种子的原来是一个年已古稀的老人。老人是一个地地道道的爱花人。当她20年前偶然看到那则启事后，便怦然心动。她不顾八个儿女的一致反对，义无反顾地干了下去。她撒下了一些最普通的种子，精心侍弄。一年之后，金盏花开了，她从那些金色的、棕色的花中挑选了一朵颜色最淡的，任其自然枯萎，以取得最好的种子。

次年，她又把它种下去。然后，再从这些花中挑选出颜色更淡的花的种子栽种……日复一日，年复一年。终于，在我们今天都知道的那个20年后的一天，她在那片花园中看到一朵金盏花，它不是近乎白色，也并非类似白色，

而是如银如雪的白。一个连专家都解决不了的问题，在一个不懂遗传学的老人手中迎刃而解，这是奇迹吗？

当年曾经那么普通的一粒种子啊，也许谁的手都曾捧过。捧过那样一粒再普通不过的种子，只是少了一份对希望之花的坚持与捍卫，少了一份以心为圃、以血为泉的培植与浇灌，才使你的生命错过了一次最美丽的花期。种在心里，即使一粒最普通的种子，也能长出奇迹！

心灵悄悄话

看着前方，然后朝着前方坚定行走，喜悦就会慢慢降临你的内心，如莲花盛开，你亦如一朵喜悦盛开的莲花。

第七篇

精彩只是早晚

　　人世中的许多事,只要想做,都能做到,该克服的困难,也都能克服,用不着什么钢铁般的意志,更用不着什么技巧或谋略。

　　世界上最受欢迎的人从来不是那种不停地往后看着昨天的脚印悲伤、失败和惨痛挫折的人,只要一个人还在朴实而饶有兴趣地生活着,他终究会发现,造物主对世事的安排,都是水到渠成的。坚强的自信,便是伟大成功的源泉。不论才干大小、天资高低,成功都取决于坚定的自信力。相信能做成的事,一定能够成功。反之,不相信能做成的事,那就绝不会成功。

成功就是一个循序渐进的过程

成功正是一个化整为零、循序渐进的过程,并非一蹴而就的坦途。比如,一个普遍的现象:很多人容易颓废,觉得任务太难了完不成,于是产生了焦虑心理,只好选择暂时逃避,明天再做吧。明日复明日,一拖再拖;而一旦把任务分成比较容易的小块,化整为零,降低任务难度,推迟自己要放弃的心态,则每天能完成更多的任务。

心理学家曾经做过这样一个实验:组织三组人,让他们分别向着十千米以外的三个村子进发。第一组的人既不知道村庄的名字,也不知道路程有多远,只告诉他们跟着向导走就行了。刚走出两三千米,就开始有人叫苦;走到一半的时候,有人几乎愤怒了,他们抱怨为什么要走这么远,何时才能走到头,有人甚至坐在路边不愿走了;越往后,他们的情绪就越低落。

第二组的人知道村庄的名字和路程有多远,但路边没有里程碑,只能凭经验来估计行程的时间和距离。走到一半的时候,大多数人想知道已经走了多远,比较有经验的人说:"大概走了一半的路程。"于是,大家又簇拥着继续往前走。当走到全程的 3/4 的时候,大家情绪开始低落,觉得疲惫不堪,而路程似乎还有很长。当有人说:"快到了!""快到了!"大家又振作起来,加快了行进的步伐。

第三组的人不仅知道村子的名字、路程,而且公路旁每一千米都有一块里程碑,人们边走边看里程碑。行进中他们用歌声和笑声来消除疲劳,情绪一直很高涨,所以他们很快就到达了目的地。

心理学家从这个实验中得出了这样的结论:如果人们的行动有明确的目标并能够不断将行动与目标加以对照的话,那么他们就清楚地知道自己与目标之间的距离,这样人们行动的动机就会得到维持和加强,就会自觉地克服一切困难,努力实现目标。

我们身边有许多人,他们内心虽有一张清晰的目标地图,但是因为面前有太长的路要走,有些无从着手,甚至望而生畏。因此,为了不让自己在忙碌中丧失信心,我们需要将目标分解,通过完成一个又一个的小目标来不断激励自己,将长距离划分为若干个距离段,逐一跨越。

1968年某天,罗伯·舒乐博士立志要在加州用玻璃建造一座水晶大教堂。他向著名的建筑设计师菲利普表达了自己的构思:"我要的不是一座普通的教堂,而是一座人间的伊甸园。"

菲利普问舒乐预算多少,舒乐博士坚定地对他说:"事实上,现在我一毛钱都没有,所以对我来说,100万美元和400万美元并没有区别。重要的是,这座教堂本身要具有足够的吸引力,吸引捐助者的到来。"

教堂最终敲定需要的预算是700万美元。这个数字不但超出了舒乐博士的承受能力,甚至也超出了他的想象范围,其他人也都对舒乐博士说:"这似乎不可能。"但舒乐博士却想出了一个化整为零的方法。他在一张纸上写着"700万美元",然后在这个目标下面写道:(1).找1笔700万美元的捐款;(2).找7笔100万美元的捐款;(3).找14笔50万美元的捐款;……(9).找700笔1万美元的捐款;(10).卖出教堂1万扇窗户的署名权,每扇700美元。

在这神奇的化整为零的方法作用下,舒乐博士历时一年多筹集到了足够的款项。据说,水晶大教堂最后耗资2000万美元,但是在舒乐博士将这宏伟的目标化整为零之后,奇迹般地募集了足够的资金,让这座大教堂成为了加州胜景。

这张目标地图原本令人望而生畏,似乎这是一个无论如何忙碌都无法企及的目标,但是化整为零之后,成为了一个又一个可实现的小目标。即使我们在追求目标的过程中遭受挫折,但是因为可以看到为了每个小目标而忙碌的回报,就使得自己能够不断应对压力和挑战。

俄国大文豪托尔斯泰有这样一句名言:"人要有生活的目标:一辈子的目标,一个阶段的目标,一年的目标,一个月的目标,一个星期的目标,一天的目标,一小时的目标,一分钟的目标,还得为大目标牺牲小目标。"

1984 年，在东京国际马拉松邀请赛中，名不见经传的日本选手山田本一出人意料地夺得了世界冠军。当记者问他凭什么取得如此惊人的成绩时，他说了这么一句话：凭智慧战胜对手。

大家对他所谓的"智慧"都有些迷惑不解。10 年后，他在自己的自传中道出了这个"智慧"的真相："每次比赛之前，我都要乘车把比赛的线路仔细地看一遍，并把沿途比较醒目的标志画下来。比如，第一个标志是银行；第二个标志是一棵大树；第三个标志是一座红房子……这样一直画到赛程的终点。比赛开始后，我就以百米赛跑的速度奋力地向第一个目标冲去，等到达第一个目标后，我又以同样的速度向第二个目标冲去。40 多千米的赛程，就被我分解成这么几个小目标轻松地跑完了。起初，我并不懂这样的道理，我把我的目标定在 40 多千米外终点线的那面旗帜上，结果我跑到十几千米时就疲惫不堪了，因为我被前面那段遥远的路程给吓倒了。"

第一个标志……第二个标志……第三个标志……正是这种循序渐进的态度帮助山田本一获得了世界冠军。美国著名作家赛瓦里德说过："当我打算写一本 25 万字的书时，一旦确定了书的主题和框架，我便不再考虑整个写作计划有多么繁重，我想的只是下一节、下一页甚至下一段怎么写。在六个月当中，除了一段一段开始外，我没想过其他方法，结果就水到渠成了。"

不要畏惧过于遥远的目标，运用化整为零的方法，忙碌于一个又一个眼前可以企及的小目标就是追求理想的第一步。不要抱怨每天忙碌于如此多的琐事，成功从来都无法一蹴而就，只有循序渐进，让每天的忙碌都发挥功效，才能距离目标越来越近。

心灵悄悄话

事实上，在许多时候，对许多事情的期待只是个人的一种美好愿望，甚至只是梦想。然而期待却是取得成功、实现美好愿望的至关重要的前提，期待是那么简单又是那么重要。

信心可以创造奇迹

山顶上，狼吃了一只羊，恰好被狐狸看见了，它扯开嗓子大喊起来。

它本来要喊的是："羊被狼吃了！"但发生了口误，喊成了："狼被羊吃了！"

风儿把狐狸的话吹遍了山林。

羊群听到喊声，精神大振。它们说："不知哪位同胞给我们羊出了气、争了光，看来狼并不可怕！我们还等什么？冲上去，找狼算总账！"

羊群潮水般地向狼群发起了攻击。

同时，狼群也听到了狐狸的喊声，它们一起愣住了："这是真的吗？如果是真的，那也太可怕了！如果不是真的，狐狸为什么说得如此肯定呢？"

就在它们六神无主的时候，大批红了眼的羊冲到狼群跟前。狼群惊慌失措，撒腿四处奔逃。

山林中奇特的游戏很快结束了，羊和狼后来也都知道了真相。它们分别谈了自己的感想。

羊说："胜利的消息无疑会激励斗志，即使这个消息并不确切。否则，我们怎么会向狼发动攻击并取得胜利呢？"

狼说："我们过于相信自己的耳朵，否则，我们怎么会蒙受如此奇耻大辱？"

一个人的成就，绝不会超出他自信所能达到的高度。

据说拿破仑亲率军队作战时，同样一支军队的战斗力，便会增强一倍。原来，军队的战斗力在很大程度上基于兵士们对于统帅的敬仰和信心。如果统帅抱着怀疑、犹豫的态度，全军便要混乱。拿破仑的自信与坚强，使他统率的每个士兵增加了战斗力。

如果有坚强的自信，往往能使平凡的男男女女，做出惊人的事业来。胆怯和意志不坚定的人即便有出众的才干、优良的天赋、高尚的品格，也终难成就伟大的事业。

一个人的成就，绝不会超出他自信所能达到的高度。如果拿破仑在率领军队越过阿尔卑斯山的时候，只是坐着说："这件事太困难了。"无疑地，拿破仑的军队永远不会越过那座高山。所以，无论做什么事，坚定不移的自信力，都是达到成功所必需的和最重要的因素。

坚强的自信，便是伟大成功的源泉。不论才干大小、天资高低，成功都取决于坚定的自信力。相信能做成的事，一定能够成功。反之，不相信能做成的事，那就绝不会成功。

有一次，一个士兵骑马给拿破仑送信，由于马跑的速度太快，在到达目的地之前猛跌了一跤，那匹马就此一命呜呼。拿破仑接到了信后，立刻写封回信，交给那个士兵，吩咐士兵骑自己的马，迅速把回信送去。

那个士兵看到那匹强壮的骏马，身上装饰得无比华丽，便对拿破仑说："不，将军，我是一个平庸的士兵，实在不配骑这匹华美强壮的骏马。"

拿破仑回答道："世上没有一样东西是法兰西士兵所不配享有的。"

世界上到处都有像这个法国士兵一样的人！他们以为自己的地位太低微，别人所享有的种种幸福，是不属于他们的，以为他们是不配享有的，以为他们是不能与那些伟大人物相提并论的。这种自轻自贱的观念，往往成为不求上进、自甘堕落的主要原因。

有许多人这样想：世界上最好的东西，不是他们这一辈子所应享有的。他们认为，生活上的一切快乐，都是留给一些命运的宠儿来享受的。有了这种卑贱的心理后，当然就不会有出人头地的观念。许多青年男女，本来可以做大事、立大业，但实际上竟做着小事，过着平庸的生活，原因就在于他们自暴自弃，他们没有远大的希望、不具有坚定的自信。

有的人最初对自己有一个恰当的估计，自信能够处处胜利，但是一经挫折，他们就半途而废，这是因为自信心不坚定的缘故。所以，光有自信心还不够，更须使自信心变得坚定，那么，即使遇着挫折，也能不屈不挠，向前进取，绝不会因为一遇困难就退缩。

如果我们去分析研究那些成就伟大事业的卓越人物的人格特质，那么

第七篇　精彩只是早晚

就可以看出一个特点：这些卓越人物在开始做事之前，总是具有充分信任自己能力的坚强自信心，深信所从事之事业必能成功。这样，在做事时他们就能付出全部精力，破除一切艰难险阻，直到胜利。

造物主给予我们巨大的力量，鼓励我们去从事伟大的事业。而这种力量潜伏在我们的脑海里，使每个人都具有雄图伟略，都能够精神不灭、万古流芳。如果不尽到对自己人生的职责，在最有力量、最可能成功的时候不把自己的本领尽量施展出来，那么对于世界也是一种损失。世界上的新事物层出不穷，正待我们去创造。

心灵悄悄话

与金钱、势力、出身、亲友相比，自信是更有力量的东西，是人们从事任何事业最可靠的资本。自信能排除各种障碍、克服种种困难，能使事业获得完满的成功。

让你的明天充满阳光

世界上最受欢迎的人从来不是那种不停地往后看着昨天的脚印悲伤、失败和惨痛挫折的人，而是那种怀着信心、希望、勇气和愉快的求知欲而放眼未来的人。

作家毕淑敏曾说："我不美丽，但我拥有自信。"在人的一生中，我们可能会遇到各种困难和挫折，有的人可能因此停滞不前，有的人可能发挥自己的聪明才智想方设法地克服解决，关键是看你对待这些困难和挫折的态度，以及是否具备战胜困难的信心的勇气。

宋代范仲淹有志于天下，他两岁便失去父亲，母亲贫困无依，就改嫁到长山一位姓朱的人家。范仲淹稍微懂事之后，知道了自己的家世，泣别了慈母，到南都学舍不分昼夜地苦读，5年间竟没有解开衣服好好地睡过觉。有时困倦已极，便用冷水冲洗一下头脸。他连稠粥都不够吃，所以常常忍饥挨饿熬到下午才吃饭。就这样，他勤奋地学习，把《诗》《书》《礼》《易》《春秋》五经之旨都领会并精通了，从而慷慨激昂地表达了以天下为己任的伟大志向，不仅提出了"先天下之忧而忧，后天下之乐而乐"的伟大抱负，而且成为宋代有名的政治家、文学家。

有一位女歌手，第一次登台演出，内心十分紧张。想到自己马上就要上场，面对上千名观众，她的手心都在冒汗："要是在舞台上一紧张，忘了歌词怎么办？"越想，她心跳得越快，甚至产生了打退堂鼓的念头。

就在这时，一位前辈笑着走过来，随手将一个纸卷塞到她的手里，轻声说道："这里面写着你要唱的歌词，如果你在台上忘了词，就打开来看。"她握着这个纸卷，像握着一根救命的稻草，匆匆上了台。也许有那个纸卷握在手心，她的心里踏实了许多。她在台上发挥得相当好，完全没有失常。

她高兴地走下舞台，向那位前辈致谢。前辈却笑着说："是你自己战胜

了自己,找回了自信。其实,我给你的,是一张白纸,上面根本没有写什么歌词!"她展开手心里的纸卷,果然上面什么也没写。她感到惊讶,自己凭着握住一张白纸,竟顺利地渡过了难关,获得了演出的成功。

"你握住的这张白纸,并不是一张白纸,而是你的自信啊!"前辈说。女歌手拜谢了前辈。在以后的人生路上,她就是凭着握住自信,战胜了一个又一个困难,取得了一次又一次成功。

由此可见,自信完全掌握在自己手中,拥有自信,你将拥有美好的明天!

李开复曾说:"自信是一种感觉。"他11岁赴美求学,1988年获得卡内基·梅隆大学计算机系博士学位,并留校任教。他先后在苹果公司、SGI公司担任要职。1998年,他加盟微软公司,亲手创办了微软中国研究院(后更名为微软亚洲研究院)。2000年,升任微软公司的全球副总裁,随后成为比尔·盖茨的七个高层智囊之一。

刚加入微软公司时,在工作中与同事进行一般的沟通没有问题,但到了比尔·盖茨面前就总是不敢讲话,因为他非常担心自己说错话。

有一天,公司要进行改组,比尔·盖茨召集十多个人开会,要求每个人轮流发言。他当时想,既然一定要讲,那不如把心里话都讲出来。于是,他鼓足勇气说:"在我们这家公司里,员工的智商比谁都高,但是我们的效率比谁都差,因为我们整天改组,而不顾及员工的感受和想法。在别的公司,员工的智商是相加的关系。但当我们整天陷在改组'斗争'里的时候,我们员工的智商其实是相减的关系……"

说完后,整个会议室鸦雀无声。会后,很多同事对他说:"你说得真好,真希望我也有你的胆量这么说。"结果,比尔·盖茨不但接受了他的建议,改变了公司这次的改组方案,并在与公司副总裁开会时引用他的话,劝大家开始改变公司的文化,不要总是陷在改组"斗争"里,造成公司的智商相减。

从此,他再也不惧怕在任何人面前发言了。这件事充分印证了"你没有试过,怎么知道你不能"这句话。

自信心是要通过自我表现才能不断加强的。只有将自己的能力、自己的见解充分展示出来,才能真正看到自己对他人的影响力,才能从这种影响力中获取足够的自信。缺乏自信的人，永远也不会有快乐。

我们要学会培养自信心，认识并发掘自身的优势，增强自信，对自己抱有信心，使别人对我们萌生信心。

曾经有一个悲观的青年欲了结一生，在海边徘徊，长吁短叹。有一老者注意到了，便上前询问。"你为什么不开心呢，年轻人？""我现在一无所有、一无所长，不断失败，我再也没有什么指望了，不如一死了之。""你其实很富有，年轻人。""是吗？"年轻人一脸狐疑。"给你十万元，买你一只眼睛好吗？""那可不行。"年轻人想都没想。"八万元，买一只胳膊？""不行。""那就买一只手，或三个手指头？""也不行。"老者哈哈大笑："年轻人，你现在知道你多么富有吧。"年轻人不好意思地笑了，自信重新回到了他的脸上。

还有一个青年因为没有鞋子穿而沮丧，直到他看到有一个失去了双脚却仍然十分快乐的人之后。那个人告诉他，如果你失去了前进的风帆，你还有奋斗的双桨；脚虽然失去了，但自信的翅膀却更加强劲有力。

是的，这样的事例比比皆是。海伦·凯特又聋又盲，但她通过触觉感知的世界同样丰富多彩。是自信给了她光明，使她的内心阳光灿烂。同时，她的自信又驱散了多少人心头自卑沮丧的阴霾。

美国总统罗斯福的夫人艾莉诺·罗斯福说过："没有你的同意，谁都无法使你自卑。"自信是一个循环。如果你表现出足够的自信，别人就会认同你的自信，你就会因此而越来越自信。

因为自信，关云长单刀赴会；因为自信，毛遂脱颖而出；因为自信，布鲁诺视死如归；因为自信，比尔·盖茨弃学从商。

朋友，让我们拥有自信，相信自己，自立自重，把握好自己的人生，创造美好明天！

心灵悄悄话

第七篇　精彩只是早晚

自信如一根柱子，能撑起我们精神的广漠天空，自信如一片阳光，能驱散迷失者眼前的阴影，拥有自信，你的人生才会充满希望！

生命中总该有坚持

有学生问哲学家苏格拉底，怎样才能学到他那博大精深的学问。苏格拉底听了并未直接作答，只是说："今天我们只学一件最简单也是最容易的事，每个人尽量把胳膊往前甩，然后再尽量往后甩。"苏格拉底示范了一遍说"从今天起，每天做300下，大家能做到吗？"学生们都笑了，这么简单的事有什么做不到的？过了一个月，苏格拉底问学生们："哪些人坚持了？"有九成的学生骄傲地举起了手。一年后，苏格拉底再一次问大家："请告诉我最简单的甩手动作还有谁坚持了？"这时，只有一个人举起了手。他就是后来的古希腊另一位大哲学家柏拉图！

是啊，即使最简单的事情你能一直坚持做下去吗？想想自己吧，每到年初我们总喜欢制订计划，那时踌躇满志，有着许多美好的设想；每到年末总结，清点自己的收获时，往往更多的是遗憾和悔意。

有人说，成功与失败最终取决于意志的较量。心理学研究也表明：凡有惊人成就的人，他们所表现出来的意志品质主要有自觉性、果断性、坚持性、自制性。由于完成目标一般需要相当长的时间，所以这其中对我们考验最多的就是坚持性。

目标有时遥遥无期，总也望不到头。你也许正在艰难中坚持却疲倦不已，如果这时放弃，以前的努力都将白费，所花的心血都是徒劳；而只要再坚持一会儿，再加一把劲儿，眼前就有可能是别有洞天，豁然开朗。当你拨开迷雾重见阳光的一刹那，你会觉得所做得再苦再累都是值得的。坚持不是忍耐，它不是原地踏步，它是在逆流中向前，是顶着压力向上，它是积极地争取，而不是无奈地等待……你也许正在黑暗的夜色中摸索，但紧接着到来的不就是光明的早晨吗？

智慧的珍珠，总是蕴含在一丝不苟的积累中，不屈的坚持，往往诞生于

苦苦跋涉的执着中，小小的蚯蚓，虽无"爪牙之力，筋骨之强"，却有"上食埃土，下饮黄泉"其源于其用心专也。浑圆瑰丽的梦想，需要义无反顾的努力。

人生，最令人悲愤的是背叛自己，轻易放弃，最让人悔恨的是一味麻醉、自我放纵。畏惧导致懦弱，泄气滋生浑噩。只有踏踏实实地播种和耕耘、全力以赴地把握和争取，生命的价值才能得以最大限度的扩张。

生命中总该有坚持。

心灵是荒凉干燥的沙漠时，坚持会帮助你找寻甘泉，浇灌饱满的乐观；心灵是悲苦冷寂的寒夜时，坚持会帮助你积蓄力量，摆脱困惑的枷锁。在忍耐中坚持拼搏，灵魂会愈加丰满和强盛；在拼搏中坚持忍耐，心灵会保持莹洁和宁馨。

坚持是珍存心灵的高尚和纯良，埋葬现实的丑陋和污秽。坚持是恪守独立的率真和坦诚，不为迎合别人扼杀自己的精神和信仰。坚持是抗衡命运的残酷和不公，承受伤楚和孤独的磨砺。

坚持是雨露，滋润枯萎的心灵。坚持是阳光，温暖麻木的情感。

心灵悄悄话

马丁·路德·金说："可以接受有限的失望，但是一定不要放弃无限的希望。"为了把希望变成现实，朋友，你坚持了没有？

113

成功真的很简单

其实，成功对一个人来说方式很多，但是，若不实际去执行，我想，没有一个方式是有效的。

成功首先取决于态度，倘若我们想要成功，就必须努力开发自己具有成功者特质的态度，要具备一个成功人士应具备的基本素质。

对一个人而言，成功的最大障碍，不是缺少机会、缺少资金，也不是你社会地位的高低、社会关系的深浅；而是一个人对社会经济变化的意识与判断力的敏锐与否，是对经济发展过程中所产生的各种各样的机会捕捉与把握能力的强弱；是你有无社会发展所需要的知识结构及社会活动的经验积累。在知识经济时代的今天，这些敏锐的意识、发现及把握机会的能力，更是不可缺少的创业与立业之本，就是这些无形与有形的差异，决定着你能否达到成功彼岸的根本原因。

一个成功人士必须具备这样几个条件：

针对你的能力和生活环境设计你切合实际的目标

设定目标、建立信心是一个人集中生活中出现的焦点、对抗内外所遇到的不一致，来检视你自己内心感情执着的程度，进行自我发掘、自我认识的历程。

一个人的生活环境，并不代表未来的一成不变，面对逆境要学会努力改变，但改变不是一蹴而成，要在逐渐适应中一点点改变。其实，一个人能力的大小并不重要，重要的是你能够了解自己，能够根据自己切身的需求设计自己的人生走向，而不是好高骛远、漫无边际地设立自己的目标。一个人可以去幻想生活、幻想爱情，但不能幻想事业、幻想未来，要学会切合实际地应用自己的才能，为自己的未来而奋斗。

不断修正你的目标

目标的设立并不代表你人生追求的始终如一，它只是你人生目标的

起点。

努力的人,可以达到别人达不到的目标;成功的人,则看到别人看不到的机会,而重新定位自己的走向,并且加以实现。

目标对一个人来说,只是对你人生的阶段性肯定,当你达到你的第一个目标时,就要不断修正目标,向更高的目标前进。

虚心向别人学习

常言道:"三人行,必有我师。"一个人在生活当中,只有不断向别人学习,才能不断完善自己,不断弥补自己的缺陷,取别人所长补自己所短。

一个人要获致成功,需要不断地历练与学习,然而,最快速的方法,就是向一些成功者询问,请他们给你一些意见。因为,人永远看不见自己思考上的盲点,只有利用别人的眼光,才能告诉你,有什么地方需要改进,什么地方做得不够完美。让成功者用智能和经验来指导你,有时候,远比你看任何的书籍都来得有效。

一般人因为习惯于自己的思考模式,因而看不见框框以外的世界。此时,多向成功的人士请益,就会让你节省许多宝贵的时间。请教别人,通常是得到别人经验与知识最快速的方法。借由别人成功的经验,实践在自己身上,可以让我们在非常短的时间内,产生良好效果。

不怕失败

成功之路不是一帆风顺的,它的路途布满荆棘坎坷,跌倒了,就要勇于爬起来。成功和失败相比,成功只是比失败多爬起来一次。

善于解放自己的思维

一个人在人生的道路上不能故步自封,囿于窠臼。要学会在生活中开发自己的思维——也就是要学会去创意生活。创意,是你走向成功的重要元素。

什么是创意呢? 所谓创意,指的是所有独特、新颖、适当、有用的观念、想法或作品,它可以是一个生活上的点子、一项科学上的发明,或是一种艺术的创作。创意的产生主要依赖个人的创造力。从另一个角度来看,有人追随应是创业的具体指针。任何一项创意,只有经过创新与创业的阶段,才能真正称为一项成功的创举。当然,在现代社会中,要产生有价值的创意,绝对不能只是凭借着灵机一动,而必须以深厚的知识内涵为基础。

现代企业中许多新的行销活动或新产品开发以系统的市场调查或访客

资料的分析采撷为基础。信息、知识与灵感是创意产生过程中,不可或缺的必要条件。创意需要以知识为基础,掌握创意的基本原理和原则,才能够大幅缩短创意的酝酿形成时期。但创意绝非局限于科技,亦非呆板的问题解决过程;要贴近生活的本源和消费者的喜怒哀乐,才能带来应有的商业价值。创意的构想必须靠具体实践,有的人许多创意点子不错,构想亦能引起共鸣,但常流于空谈,而不见行动,最常听到的答案就是,兹事体大。

我们不要把创意的产生视为可遇不可求,亦不能任由创意构想只在空中浮动。创意始于人文,在生活中撷取巧思,在实践中丰富创意构想,这是我们努力进取的基本态度。

严以律己

律己是成功最重要的条件,只有不断严格要求自己的人,才能完成以上所应有的条件。德以行修,业以固基,就是这样一个道理。

心灵悄悄话

想一想,其实成功真的很简单。对每一个人来说,人生之旅就是一段自我创造的历程,我们的未来会变成怎样?或者会有如何的发展?要如何塑造自己的人生,这一切都得靠我们的智能与毅力来主导。

还有比成功更重要的

所谓成功是指把自己真正喜欢的事情做好，其前提是首先要有自己真正的爱好，即自己的真性情，舍此便只是名利场上的生意经。

成功不是衡量人生价值的最高标准，比成功更重要的是，一个人要拥有内在的丰富，有自己的真性情和真兴趣，有自己真正喜欢做的事。

只要你有自己真正喜欢做的事，就会在任何情况下都会感到充实和踏实。

那些仅仅追求外在成功的人实际上是没有自己真正喜欢做的事的，他们真正喜欢的只是名利，一旦在名利场上受挫，内在的空虚就暴露无遗。把自己真正喜欢做的事做好，尽量做得完美，让自己满意，这才是成功的真谛，如此感到的喜悦才是不掺杂功利考虑的纯粹的成功之喜悦。

做你喜欢的，做事的过程中就能自然而然地表现出那么多优秀的品质：坚韧，不轻易放弃，抗压能力，不怕挫折，失败了又爬起。原因很简单，这是你喜欢的，这是你想要的。

人既然活着，始终是要做一些事情的，于是便有了诸多的梦想与追求的可能，并随之产生了形形色色、各式各样的人生。

当一个人怀揣着梦想踏上人生这列未知航程的时候；当一个人真正经历了世间的风风雨雨、艰难困苦以后，如若还能够保持以往最初的激情，便会相信，这个人活的是真诚的，至少对于自己来说，他是没有虚假的。

眼望着大街上茫茫于世的芸芸众生，如潮水般地来来去去、穿梭不停，一个个都是那么的行色匆匆的，似乎总会有那么许许多多忙也忙不完的事情在前面等待着，仿佛人与人之间的距离越来越远了，这个世间之于每个人也是愈加显得陌生和不再熟悉了一般。尤其在这个物欲横流、商业社会的大潮下，相互彼此之间的关系亦宛如商品的交易，只是稍作停留，便又各奔东西，相安无事了。

难道每个人真就这么忙吗？甚至连一句简单礼貌性的问候都觉得是在浪费时间。在好不容易得以休息的空暇里，还要想着那些事业、生意，以及人情世故上种种错综复杂的关系，难道你就真的不累吗？即使是外出旅游，也是一路地忙碌不停，最终只是换回了一大堆堂而皇之的照片，敷衍了事。

这人活着，怎么就这么累？

整日里为名为利而奔波劳碌，费尽心机，说着是在为自己而活，可又有几人是在真正地为了自己所喜欢的事而忙碌的。于是乎，想要真正做一件自己喜欢的事，大多数时候简直就成为一种不可求的奢望。

做自己真正喜欢的事，这话听起来多么的简单，到了现实当中，又是多么的不易。

面对这个纷繁扰攘的大千世界，面对这个充满极具诱惑力的环境氛围，金钱财富，功名美色……又怎么会舍得说放弃就放弃，说不要就不要，这是一个人的追求啊！

没错，这是一个人的追求，但却绝非是理想。

理想应该是做自己真正喜欢的事，只遵从自己的意愿行动，尽管面对这花花绿绿、五光十色的现实，依然能够持之以恒、坚持到底，无论最后的结果是什么，至少我做了，就无怨无悔才是。

可是生活中的我们常常将理想变成了不切实际的梦想，觉得那样做是完全没有必要的事，只当成是童年阶段懵懂无知的产物罢了，过去了，也就真的过去了。

难道人活一世就不应该做一点自己真正喜欢的事吗？哪怕那会是极其幼稚可笑的，但那却是人心底里面最为真实的想法。难道人活着，就不应该多一份真诚吗？就这样每日里戴着面具生活，过着随声附和、人云亦云的日子吗？

于是，我们唯有独自站在过往的岁月里，回首童年，回首那段天真烂漫的旧时光，发一声叹息。

看来，想要做自己真正喜欢的事，实属不易。

有一些渺小的人获得了虚假的成功，他们的成功很快就被历史遗忘了。有一些伟大的人获得了真实的成功，他们的成功被历史永远记住了。但是，我知道，还有许多优秀的人，他们完全淡然于成功，最后也确实与成功无缘。对于这些人，历史既没有记住他们，也没有遗忘他们，他们是超越于历史之

外的。

有一种人追求成功，只是为了能居高临下地蔑视成功。

成功是一个社会概念，一个直接面对上帝和自己的人是不会太看重它的。

心灵悄悄话

真心做自己喜欢的事，倾听内心深处的声音。从失败中学习，尝试了一些东西，有了失败的感觉，才知道自己喜欢什么。看自己擅长什么，而不是看大家都在做什么。行业没有贵贱之分，选择职业也是。

走的路跟别人不太一样，不一定是坏事。

第七篇　精彩只是早晚

第八篇

陪伴一生的是心情

　　人生的得与失、成与败、繁华与落寞不过是过眼烟云。而永远陪伴我们一生,如影随形、不离不弃的只有心情;如同呼吸,伴你一生的心情是你唯一不能被剥夺的财富。

　　一位作家说得好:"人,活一辈子不容易,忧伤是活,开心也是活,既然都是活,为什么不开开心地生活呢?"是啊,人生如梦,生命再长,也不过百年,为什么要让自己幽怨、颓废、痛苦一生,而辜负这大好年华呢?拥有了好心情,也就拥有了自信,继而拥有了年轻和健康,也就拥有对未来生活充满向往、充满期待。

好的心情不是与生俱来的

　　好心情不是先天造就的，也不是上苍的赐予的，它是由人格、品德、教养、才能综合指数酿造的，它由渐悟而顿悟，由领悟到觉悟，修炼成正果。母育的是身躯，修炼的是心情。心情需要不断呵护、调理、滋润、丰盈。

　　拥有了好心情，也就拥有了自信，继而拥有了年轻和健康，也就拥有对未来生活充满向往、充满期待，所以让我们拥有一份好心情吧！因为生活着就是幸运和快乐。给自己一份好心情，让世界对着你微笑；给别人一份好心情，让生活对我们微笑。

　　人生的得与失、成与败、繁华与落寞不过是过眼烟云。而永远陪伴我们一生，如影随形、不离不弃的只有心情；如同呼吸，伴你一生的心情是你唯一不能被剥夺的财富。一位作家说得好："人，活一辈子不容易，忧伤是活，开心也是活，既然都是活，为什么不开开心心地生活呢？"是啊，人生如梦，生命再长，也不过百年，为什么要让自己幽怨、颓废、痛苦一生，而辜负这大好年华呢？

　　拥有好心情便是人生最大乐事、最幸福的事。有人说，人生有四大乐事："他乡遇故知、久旱逢甘雨、洞房花烛夜、金榜题名时。"而此四大乐事除洞房花烛夜外，其中三大乐事都与心情密不可分，是体现心情好的极限的表现形式。当你拥有一份好心情时，看天是蓝的，云是白的，山是青的，人是善良的，世界是绚丽多彩的；拥有一份好心情，唱唱快乐的歌，跳跳动感的舞，身体充满无限的激情，有使自己尽情宣泄，直至大汗淋漓、筋疲力尽而后快之感；拥有一份好心情，看什么书都好看，有实现自己伟大事业自信的力量源泉；拥有一份好心情，能化干戈为玉帛，化疾病为健康；拥有一份好心情，则任何年龄的容颜，都会被好心情照亮，美丽动人而魅力无穷；拥有一份好心情，能帮你获得学识，交结良师益友，把握机遇，缔造和谐，成就事业……

　　要使我们天天拥有一份好心情，必须心胸开阔、宽以待人。朱德元帅曾

有诗云："开心常见胆，破腹任人钻。腹中天地宽，常有渡人船。"一个人有了如此宽广、豁达的心境，遇事就能"拿得起，放得下"，就能驱散忧虑、恐惧、烦恼、苦闷等萦绕心头的乌云，没有什么"想不开"的事，精神自然会轻松而愉快，心境自然会美好而宽广，就能大度处世，平和待人，营造一个融洽和谐的人际关系。

千万别小看心情，它能让天地为之动容，自然为之变色。同样走进大观园，刘姥姥开心，林妹妹伤心；同样的江水，李后主低吟："问君能有几多愁，恰似一江春水向东流。"苏东坡豪唱："大江东去，浪淘尽，千古风流人物。"湛蓝夜空，一轮明月，有人举杯邀约，对影浅酌；有人黯然泪下，思乡情浓，总是故乡月最明。景无异，异的是心情。

作家毕淑敏曾说过："人可能没有爱情，可能没有自由，没有健康，没有金钱，但我们必须有心情。"如果你渴望拥有健康和美丽，如果你想珍惜生命中每一寸光阴，如果你愿意为这个世界增添欢乐与晴朗，如果你即使你跌倒也要面向太阳，就请锻造心情，让我们沉稳、宁静、广博、透明的心，覆盖生命的每一个黎明和夜晚。是的，上苍给予我们一样的生命，我们却选择了不尽一样的生活方式。我们可能活得不高贵，但我们完全可以活得高尚；我们可能无法逃避厄运或人生包含的所有棘手的问题，但我们可以从容豁达。

心情，是一种感情状态，是一个人对外界各种因素作用于内心的一种感知、感觉和感叹。人只要活着，这种状态就不会消失。心情的历练，是一种自我的超越；心情的锻造，是一种完美的追求。但好的心情不是与生俱来的，不会从天而降，更不会一蹴而就的。它是由一个人的品质、人格、道德修养、才能综合素质酿造的；好的心情，来源于一个人能否守住一颗沉稳、宁静、广博、透明的心。世间百态，物欲横流，不为诱惑所动，不为攀比所烦，自然心情就会好。让好心情相伴一生，这才是人生最大的财富。

心灵情情话

不在于活得长久，而在于活得富有，富有是开心，开心是福，让好心情与我们时时相伴。

活着，就要开心点

伤心难过的时候，就找个清净的角落来使自己慢慢地遗忘那些纷纷扰扰的事情。

慢慢冷静之后，把什么事情都悄悄隐藏在心底深处，再不想开启那道心门。

以为自己会像海那样包容一切，看透一切，然而却不尽然……

慢慢地，学会了宣泄自己。

我们都是普通人，是凡人，没有三头六臂，也不会翻云覆雨。

没有人情愿生活在"湿润"里，相反，大家都希望自己一生都健康平安，青春永驻。那就别闷着自己，把心情拿出来晒晒。

让心情晒晒太阳。眼因流多泪而更益清明，心因受多伤而更显脆弱。感觉自己像只刺猬，紧绷着自己的刺，以为保护了自己，其实是侵蚀着灵魂。

没有人想对痛苦的事念念不忘，既然我们经历了，就不要后悔，我们都是常人，承受不起那么多的忧伤。事过之后再不去想它，就让它随风而散，如轻烟飞逝……

把自己的心情拿出来晒晒。

只愿让灿烂明媚的阳光驱走心中的阴凉，让炙热的夏的温度感染苍凉的心绪。

叶落知秋，似水无痕，人的一生总会像秋叶一样，伴随着秋的到来，随着秋风的痕迹缓缓地侵入大地环抱。人生苦短，为什么非要活在所谓的记忆里。

没有什么大不了的事情，如果人生交给我们一个问题，它也会同时交给我们处理这个问题的能力。积极的心态和确定的目标是改变心情的起点。

有兄弟二人，年龄不过四五岁，由于卧室的窗户整天都是密闭着，他们

认为屋内太阴暗，看见外面灿烂的阳光，觉得十分羡慕。兄弟俩就商量说："我们可以一起把外面的阳光扫一点进来。"于是，兄弟两人拿着扫帚和畚箕，到阳台上去扫阳光。等到他们把畚箕搬到房间里的时候，里面的阳光就没有了。这样一而再，再而三地扫了许多次，屋内还是一点阳光都没有。正在厨房忙碌的妈妈看见他们奇怪的举动，问道："你们在做什么？"他们回答说："房间太暗了，我们要扫点阳光进来。"妈妈笑道："只要把窗户打开，阳光自然会进来，何必去扫呢？"

心灵悄悄话

人生总有不如意，但那不代表失去希望，就像一场大雨，并不代表永远失去阳光。

将开心自在当成一种习惯

一个青年来到绿洲,碰到一位老先生,年轻人便问:"这里如何?"老人家反问说:"你的家乡如何?"年轻人回答:"糟透了! 我很讨厌。"老人家接着说:"那你快走,这里同你的家乡一样糟。"

后来又来了另一个青年问同样的问题,老人家也同样反问,年轻人回答说:"我的家乡很好,我很想念家乡的人、花、事物……"老人家便说:"这里也是同样的好。"

旁听者觉得诧异,问老人家为何前后说法不一致呢? 老者说:"你要寻找什么? 你就会找到什么!"

人们看惯了日升月落,春秋代序;习惯了一年四季、春夏秋冬的冷暖世象。世间万物的改变,却很难看淡人间的悲欢离合、情仇恩怨,更难将伤心难过看得风轻云淡。过了很多年的改变以后,我们要将开心自在当成一种习惯。

我们每个人在日常生活中开心与不开心,一天都要过 24 个小时,何不开开心心地度过每一天呢? 因为时间对每个人来说都是公平的,不管你是什么人,一天同样拥有 24 小时,做人要活得潇洒些,要学会主宰自己的命运。所以就要看你怎样去度过了,当然没有哪个人在面对烦恼和忧愁时还会开心地一笑,因为世间上有人贫穷有人富贵,这都是因果关系。先贤说:"祸福无门,唯人自招;善恶之报,如影随形。"有人生活好,有人生活不好,这是每个人的福报不同。俗话说:"人比人气死人。"因此,我们要学会知足常乐。常言道:"比上不足,比下有余。"我们要能够保持乐观、开朗、平静的心态,善于缓解一切压力,消除一切烦恼。俗话说:"退一步海阔天空,忍一时风平浪静。"佛教也讲:"禅心清净境,无心万事宽。"因为忍让不是弱者,而是有胸怀的大肚。这样我们就可以在最短的时间内去调整自己的心态。要知道伤

心、烦恼、怨恨、忧愁不是解决问题的好办法。

因此,我们要学会宽容。儒家讲:"地势坤,君子以厚德载物。"意思是地势柔顺,君子当以宽厚之德,容载万物。所以人要经常抱着宽容的心态,才能更好地感化人、教育人。于是我们要学会开开心心活到老,轻轻松松过一生。要有这样的心态时时刻刻提醒自己,我们应该开心地度过每一天,因为所有人都希望自己的日子能过得好一点,虽然不能从物质上满足自己,但是要学会弥补自己心灵上的空虚。每个人都拥有自己内在的思想,有自己的爱好和兴趣,只要自己有真正喜欢做的事,你就在任何情况下,都会感到充实和踏实。所以人要有理想、要有志向,一旦发现要做的事情符合自己的理想和志向,你就一定抓紧时间把它做好,尽量做得更完美,让自己满意,也要让别人满意,这才是我们实现理想的关键。因为人的生命是有限的,精力也是有限的,切莫把精力投错地方,那就会一事无成,终生遗憾。

人世间的一切名利都是虚幻不实、变化无常的,不要执着这些名利。真正的名利是一个人的心地善良,人们说你好,这才是最好的名;生活轻松,心情舒畅,开开心心,身体健康,这就是最大的利。因为身体才是你自己的本钱。没有身体,什么事都干不成。俗话说得好,有钱难买人开心;香港人口头常说,最要紧是开心;北京人常说,活着就要快乐;所以佛教也讲,人活着就要放下自在。这几句话看起来大同小异,但仔细领会却各有含义。开心是精神层面的,是内心的活动。快乐向何处去找?而现在人似乎更多在于外求。不管内求、外求,开心与快乐都是人的一种心理状态,这种心理状态的存在更是一种社会的存在。也就是说,人不可能脱离了社会,孤独存在。人的所思所想、所言所行、所知所感,乃至人的一切美德都只能是通过社会、通过人与人之间的交往、联系而体现出来。一个人的快乐和幸福,恐怕也只能来源于同他人的交往和联系,在人与人的关系、人与社会的关系中才能品尝幸福、感受快乐。

人的一生是一个不断学习、完善自我的过程,但是总有领悟不透的真理,总有一些有意或无意的烦心事闯到心里来。总之,人生如梦,人生顺少逆多,一辈子不容易,千万不要总是跟别人过不去,更不要跟自己过不去,有人说看别人不顺眼是自己修养不够。想一下也是,因为每个人的素质不同、出身背景、受教育程度、受社会影响都是不一样的,在你看不惯别人的同时,是否别人也看不惯你呢? 古德云:"常思见己过,莫谈他人非。"

人要学会静心，要知道人生最美的境界是在静心中达成的，人生最大的困惑就是在静心中解决的。所以佛教提倡静坐，最为主要的是在静坐中勤修"戒定慧"、熄灭"贪嗔痴"，因戒生定，因定发慧。有了智慧，一切事情都明白。

心灵悄悄话

开心是一种觉悟的境界，也是一种宽容、安详的心态。人能够活得无忧无愁，没有烦恼，心无挂碍，你就会感悟到世间上最美丽的表情就是开心微笑，因此人要拥有一颗乐观的心是最重要的。但愿众生能够"开开心心过一生，自自在在活到老"。

所谓的幸福是什么

为什么我们总是觉得痛苦大于快乐,忧伤大于欢喜,悲哀大于幸福? 原来是因为我们总是把不属于痛苦的东西当作痛苦;把不属于忧伤的东西当作忧伤;把不属于悲哀的东西当作悲哀;而把原本该属于快乐、欢喜、幸福的东西看得很平淡,没有把它们当作真正的快乐、欢喜和幸福。

最大的困难是认识自己,最容易的也是认识自己。很多时候,我们认不清自己,只因为我们把自己放在了一个错误的位置,给了自己一个错觉。所以,不怕前路坎坷,只怕从一开始就走错了方向。

幸福是一个谜,你让一千个人来回答,就会有一千种答案。有人说:幸福是拥有一个美满的家庭;有人说,幸福是一生平安;有人说,幸福是衣食无忧;有人说,幸福是一辈子健康;也是人说,幸福是每一天都快乐……

幸福是不能全部描写出来的,它只能体会,体会越深就越难以描写,因为真正的幸福不是一些事实的汇集,而是一种状态的持续。幸福不是给别人看的,与别人怎样说无关,重要的是自己心中充满快乐的阳光,也就是说,幸福掌握在自己手中,而不是在别人眼中幸福是一种感觉,这种感觉应该是愉快的、甜蜜快乐的,使人心情舒畅。

幸福,应该是心灵深处微妙的感受,是一个人真真切切的感受。在你颓丧无助时,路人的一个微笑、一句问候,都带给你幸福;幸福是你口渴难耐时一捧甘甜的泉水;幸福是你筋疲力尽时一张松软的大床;幸福是你孤寂时一封远方的素笺;幸福是你噩梦后一张慈祥的笑脸。幸福是一种心态、一种感觉。其实,幸福每时每刻都伴随我们左右,关键是如何去发现它、理解它、感受它、创造它。

幸福是一种比较、一种知足。在人生的道路上,人要有所追求,又要有所满足,所以说知足常乐。幸福是人生的一种知足,只要自己感到满足,感到快乐,你就是一个幸福的人。"暮春者,春服既成,冠者五六人,童子六七人,浴乎沂,风乎舞雩,咏而归。"只有心灵安定宁静者,才能享受这种高情雅致,这是超出世俗的幸福,不以物使,不为物役,天地何可不乐。

幸福是一种能力、一种创造。生活对于每个人来说都是平等的,上帝不会偏爱任何一个人。但人世间有人会感到幸福,而有人感受不到或不强,那是因为幸福是一种能力,是感谢生命赐予和现有生活的能力;是感受快乐、抵制不良情绪的能力;是不断反省自己、完善自我的能力;是一种调节身心平衡、调节人与社会平衡的能力。

幸福从来不在于你拥有什么,幸福在于用自己的能力去努力创造,去用心感受。幸福是要靠自己创造的,马克思说:"我的幸福属于全人类。"他以此为目标,为人类的解放事业,为共产主义贡献了一生,他是幸福的。居里夫人、舒伯特、巴尔扎克这些人,他们为了人类的进步和文明贡献了毕生的精力。

幸福没有标准,每个人对幸福的理解也不一样。幸福犹如市场上商品也有假有真。真幸福让人流连忘返,假幸福却让人遗憾痛苦。金盆银匙、锦衣美食的人,未见得幸福;粗衣布履、粗茶淡饭的人,未见得不幸。这个世界的一枝花、一滴水,都可能成为幸福的源泉。幸福从来都与贫富无关,与地位无关,"人之幸福,全在于心之幸福"。

更多的人是无法认识自己拥有幸福。往往在幸福的时候把握不好,让幸福过早离开了自己。有人甚至把自己的幸福建立在别人的痛苦之上,那样的幸福是不能长久的。幸福也会让人忽视未来的危机,多少人在幸福中死亡。幸福让人高兴和无奈,让人喜忧难顾。"塞翁失马,焉知祸福",也许是对幸福最好的处理态度和方式,也许这样我们可以拥有更多的幸福心灵和更长的幸福光阴。

也许幸福是简单的,是朴实的,是琐碎的,但它却是实实在在的,是看得见、摸得着的。幸福是冬天使得"千树万树梨花开"的瑞雪;是"露似珍珠雾似纱"滋润着的万物;是"吹面不寒杨柳风"的舒服;是令你经常"蓦然回首"的微笑。只有我们用心去体验、用心去追求,幸福就会与我们相伴。

意志是人内在的生命追求,人生是生命追求的外部表现,没有意志,生命就不可能发展,人生就无法延伸。人生有许多障碍,人生是追求亦是斗争,生命意志是人生最内在的动力和精神支柱,没有意志的人生将无法想象。

意欲的不满足是人生的痛苦,意欲的满足亦是人生的痛苦,这是一个悲剧性的人生怪圈。有人能够走出这个怪圈,有人不能走出这个怪圈,关键是看遵循一条什么样的道路前行。

人的一生只有三天:昨天、今天、明天!昨天已成过去,明天还没到来。我们无法把昨天请回来,明天也不能提前拥有,我们可以把握的只有今天。我们总认为今天是最重要的,今天好像能代表我们生命的全部,今天把握不好,就会成为不好的昨天。昨天好像是一朵凋零的黄花不足珍惜。明天就不用说了,一首《明日歌》好像明天就是蹉跎岁月,就是惰性的借口,就是我们碌碌无为的诱因。当然,我们应该抓住今天,但我们绝不能抛弃昨天,更不要放弃明天。

人生意义取决于灵魂生活的状况。其中,世俗意义即幸福取决于灵魂的丰富,神圣意义即德行取决于灵魂的高贵。

其实,幸福就在你的心里。

心灵悄悄话

在人生中,许多的成败与得失,并不是我们都能预料到的,很多的事情也并不是我们都能够承担得起的,但只要我们努力去做,求得一份付出后的坦然,其实得到的也是一种快乐!

心态改变世界

一般来讲,人的心理状态是相对稳定的、连贯的。但是,这种稳定的心态因他人或者外界的影响会发生变化,也就是说,人的心态是可以调整的,积极的心态会转变为消极的心态,消极的心态也会转变为积极的心态。这也是人的主观能动性最重要的表现,是人作为高级灵性动物的关键特征之一。

当然,我们期望的是,人应该尽可能多地将消极心态转变为积极心态,而不是相反。而对于心态调整与控制的不同结果恰恰又形成了不同的人生。

在美国,一位叫塞尔玛的女士,她的内心很痛苦、很烦恼、很郁闷,生活对于她已是一种煎熬。为什么呢? 因为她随着丈夫从军,没想到部队驻扎在沙漠地带,住的是铁皮房,与周围的印第安人、墨西哥人语言也不通;当地的气温很高,在仙人掌的阴影下都高达45℃以上;更糟的是,后来她丈夫奉命远征去了,只剩下她孤身一人。所以,她整天愁眉不展,度日如年。我们能想象她内心的痛苦。

怎么办呢? 无奈中她只得写信给父母,希望回家。久盼的回信终于到了,但拆开一看,使她大失所望。父母既没有安慰自己,也没有说叫她赶快回去。那封信里只是一张薄薄的信纸,上面也就是短短的几个字,这几个字是:

"两个人从监狱的窗户往外看,一个看到的是地上的泥土,另一个看到的却是天上的星星。"

她刚开始非常失望,还有几分生气。后来她终于从父母来信的几行字里发现了自己的问题所在:她过去习惯性地低头看,结果只看到了泥土。但自己为什么不抬头看? 抬头看,就能看到天上的星星! 而我们生活中一定

不只是泥土，一定会有星星！自己为什么不抬头去寻找星星，去欣赏星星，去享受星光灿烂的美好世界呢？

她这么想，也开始这么做了。这之后，她开始主动和印第安人、墨西哥人交朋友，结果使她十分惊喜，因为她发现他们都十分好客、热情，慢慢地都成了朋友，还送给她许多珍贵的陶器和纺织品作为礼物；她开始研究沙漠中的仙人掌，一边研究，一边做笔记，没想到那仙人掌是那么的千姿百态，使人沉醉着迷。而仙人掌在如此恶劣的环境下，仍然茁壮成长、仍然生存不息的精神更是让她心灵震撼！她开始欣赏沙漠的日落日出，感受沙漠的海市蜃楼，享受着新生活给她带来的一切。没想到慢慢地她找到了星星，真的感受到星空的灿烂。她发现生活一切都变了，变得使她每天都仿佛沐浴在春光之中，每天都仿佛置身于欢笑之间。后来她回美国后，根据自己这一段真实的内心历程写了一本书，叫《快乐的城堡》，引起了很大的轰动。

事情就是这样令人费解，对这位女士来说，前后简直判若两人：一个是无限的痛苦，另一个是不尽的快乐。我们思考一下，这位女士所处的环境并没有改变，沙漠、铁皮房、仙人掌阴影下 45℃ 的高温、印第安人、墨西哥人等，都是原来的样子，为什么她的行为和心情前后大不相同呢？很明显，是她的心态变了：过去她习惯性地选择看泥土，选择事情的消极一面；后来她习惯性地选择找星星，选择事情的积极一面。

由此可见，心态一变人生就变。就这么一点小小的变化，带来的结果却大相径庭：一个痛苦，一个快乐；一个失败，一个成功。

如果你不满意自己的环境，想力求改变，则首先应该改变自己的心态。假如一个人有积极的心态，那么他四周所有的问题都将迎刃而解。

心灵悄悄话

积极的心态是心智的健康营养，它能让一个人充满自信、受人喜欢、知足常乐、倍感幸福，更重要的是它还能让人改变自我、改变世界。

先处理心情，再处理事情

先处理心情，再处理事情——学习做更好的沟通。

有时我们在沟通时，会不自觉地用一些"否定式""命令式"，或"上对下"的说话方式，例如："你错了，你错了，话不能这么说"或是"哎呀，跟你说过多少次了，你这样做不行啦！你怎么那么笨，跟你讲你都不听……"

一般来说，人都不喜欢"被批评、被否定"，但是，有时我们在言谈间，却不知不觉地流露出"自我中心主义"和"优越感"，觉得自己都是对的，别人都是错的，可是，有句话说："强势的建议，是一种攻击。"

有时，即使我们说话的出发点是良善的、是好意的，但如果讲话的口气太强势、太不注意到对方的感受，则对方听起来，就会像是一种攻击一样，很不舒服。所以，有时候我们的心中会有一种慨叹……

你知道吗？其实，我满赞同你的想法，但我很不喜欢你"讲话的口气"，其实，我满同意你的见解，但我很不喜欢你"讲话的态度"。

小李家后院有一块空地，他撒了向阳花的种子。向阳花长势很好，发芽开花，花朵金黄金黄的，煞是美丽。小李的儿子看到向阳花的花朵整天追随太阳转来转去，很是惊奇。终于有一天，黄灿灿的花朵里长满了瓜子，花朵不再骄傲地仰着头，它谦虚地低下了头。孩子猜想仰着脑袋的花朵，会不会比低着的更饱满。于是，他将其中的一朵花固定好，让它一直扬着头，高高地朝着太阳。

花朵里的果实在一天天的期盼中成熟了。孩子伸出胖乎乎的小手把最高的那个花朵摘下来。可出人意料的是，花朵里面已经全部都烂了，糜烂的气息扑鼻而来。

后来他们请教了有经验的花农，花农告诉他们：如果向阳花的花朵一直高扬着头，里面积满了雨水和露水，它就没有办法排出。于是，本来应该是

果实的摇篮的花朵，却变成了滋生细菌、昆虫的温床。所以健康饱满的向阳花总是谦虚地低着头。

有时，我们会说："我这个人很理性，你看，我的门都是开的，大家随时都可以进来和我沟通啊！"

可是，如果"我们的门是开的，心却是关的"，又有什么用呢？

因此，在沟通时，必须注意到对方的感受。毕竟每个人都有"自我尊严感的需求"，每个人都希望被肯定、被赞美、被认同、被附和，而不喜欢被否定、被轻视。

所以，即使双方意见不同，但必须做到"异中求同、圆融沟通""有话照说，但口气要委婉许多"。

中国人造字很有意思，想想"我"这个字，是哪两个字的组合呢？是"手"和"戈"。

"我"字，竟然就是"每个人手上都拿着刀剑、武器"，所以每个人都常做自我防卫，来保护自己。

但是，在沟通时，人除了防卫自己之外，也要站在别人的立场来想。

善用"同理心"，也学习控制自己的舌头，"在适当的时候，说出一句漂亮的话；也在必要的时候，及时打住一句不该说的话。"

因此，我们必须学习"不要急着说、不要抢着说，而是要想着说"，绝对不要"逞口舌之快"而后悔，因为说话是没有"橡皮擦"、没有"立可白"的，不能再把话擦掉。

另外，人际沟通中，我们必须学习"情绪忍受力"和"挫折容忍力"，因为，"脾气来了，福气就没有了。"

在我们碰到棘手的问题时，必须先静下来、勿冲动行事。也学习"先处理心情，再处理事情"，免得事情越弄越糟糕。

有句话说："生命的长度，是上天所给予的，但生命的宽度，却掌握在我们自己的手中。"的确，我们虽然不能控制生命的"长度"，但我们可以控制生命的"宽度"。

我们都可以在生活之中，学习做更好的沟通，使人际关系更圆融，也使生命过得更漂亮、更有意义。

美国知名主持人林克莱特一天访问一名小朋友，问他说："你长大后想要当什么呀?"小朋友天真地回答："嗯……我要当飞机的驾驶员!"林克莱特接着问："如果有一天，你的飞机飞到太平洋上空所有引擎都熄火了，你会怎么办?"小朋友想了想："我会先告诉坐在飞机上的人绑好安全带，然后我挂上我的降落伞跳出去。"当在现场的观众笑得东倒西歪时，林克莱特继续注视着这孩子，想看他是不是自作聪明的家伙。没想到，接着孩子的两行热泪夺眶而出，这才使得林克莱特发觉这孩子的悲悯之情远非笔墨所能形容。于是林克莱特问他说："为什么要这么做?"小孩的答案透露出一个孩子真挚的想法：

"我要去拿燃料，我还要回来!"

你听到别人说话时……你真的听懂他说的意思吗? 你懂吗? 如果不懂，就请听别人说完吧，这就是"听的艺术"：不要把自己的意思，投射到别人所说的话上头。

心灵悄悄话

谦虚，就是让别人看到自己的诚挚，以虔诚的心做人处事，看清楚周遭的人和事。总是高高仰着头，走在前面，是很难在民众中汲取智慧的。低头是为了再抬头，我们不怕低头，怕只怕低下头去，再不懂昂起来。

第九篇

依靠自己解决问题

　　不要总是依赖别人，把一切希望都寄托在别人身上，而要依靠自己解决问题，因为每个人也有许多事要做，他只可能最大限度地帮助我们，别人只可能帮一时却帮不了一世。所以，靠人不如靠己，最能依靠的人只能是你自己。

　　在这个世界上，一星陨落，黯淡不了星空的灿烂；一花凋零，荒芜不了整个春天。所以我们必须学会自强，那么自强是什么？

　　有人说过："坚持的今天叫自强，坚持的明天叫成功。"

驱散飘忽的浮躁

在心灵深处,总有那么一种情愫使我们茫然不安、无法宁静,这就是浮躁。浮躁的特点有很多,总结起来主要是心神不宁,面对急剧变化的社会,不知所为,心中没底,恐慌得很,对前途无信心;焦躁不安,在情绪上表现出一种急躁心态,急功近利,在与他人的攀比之中,更显出一种焦虑不安的心情;盲动冒险,由于焦躁不安,情绪取代理智,使得行动具有盲目性。浮躁是一种冲动性、情绪性、盲动性相互交织的心理现象。

有一个年轻人,人际关系很好,待人接物宽容豁达。但是最近一段时间,每当他发现别人,特别是同事小张超过自己时,就会耿耿于怀,怕被比下去,工作时总是心浮气躁,静不下心来。后来,他终于找到了问题的根源所在,他觉得自己的争强好胜心理太强了,还有些忌妒心,总是把得失、名誉看得太重,患得患失,工作时总是心有杂念,不能完全平静下来,致使内心越来越浮躁。

争强好胜、忌妒都能使一个人的情绪不稳定,摆脱不了杂念,于是就会心浮气躁,情绪飘摇不定。浮躁的人一般容易见异思迁,他们做什么事情都没有恒心,不安分守己,总想投机取巧。那么,如何才能驱走这种飘忽的浮躁呢?

1. 比较时要知己知彼

"有比较才有鉴别",比较是人获得自我认识的重要方式,然而比较要得法,即"知己知彼",知己又知彼才能知道是否具有可比性。例如,相比的两人能力、知识、技能、投入是否一样,否则就无法去比,从而得出的结论就会是虚假的。有了这一条,人的心理失衡现象就会大大减低,也就不会产生那些心神不宁、无所适从的感觉了。

2. 要浇灭欲望

在很多时候,我们都急需在心中添把火,以燃起某些希望;而在某些时

候,我们需要在心中洒点水,习惯等待,以浇灭某些急于求成的欲望……只要我们能够真正地静下心来,认真地去学习、工作,我们做得会比现在好得多。

3. 要有一个明确的目标

古人云:"锲而舍之,朽木不折;锲而不舍,金石可镂。"成功人士之所以成功的重要秘诀就在于,他们将全部的精力、心力放在同一目标上。许多人虽然很聪明,但心存浮躁,做事不专一,缺乏意志与恒心,到头来只能是一事无成。

4. 凡事不能急于求成

"拔苗助长"的故事大家都听说过,那个农民为了让禾苗快一些长高,辛辛苦苦累了一天把禾苗都拔高了一截,可是再去看禾苗的时候,禾苗都枯萎了。急于求成是永远不会获得想要的效果的,只有循序渐进才能获得最终的成功。任何事物都有它成长的自然规律,我们不可急于求成,要学会等待。

心灵悄悄话

浮躁的人对什么都浅尝即止。浮躁是一种相对的状态,再踏实的人,也有浮躁的时候。浮躁心理是人们做事目的与结果不一致的常见原因。具有浮躁心理的人,一味地追求效率和速度,做起事来往往既无准备,也无计划。而踏实是一种同浮躁相对应的状态,是一种跟浮躁比较起来能够深入分析和脚踏实地的状态。

放下安逸，方能成长

一位富人花重金买了两只小鸟，作为宠物养在了他的花园里。这是两只他见过的最漂亮的鸟儿，他特意委派一名园丁照顾并训练它们。

不久后的一天，园丁告诉富人，有一只鸟儿已经学会飞翔了，而且飞得很高。但是另一只鸟儿自买来那天起，寸步不离它栖身的那根树枝。他用尽了所有的办法教它飞，用吃的引诱它、哄它、吓唬它，可这只鸟儿就是趴在树枝上一动不动。

富人一听急了，忙请来几位有名的医生给鸟儿医治，但没一个人能让这只鸟儿飞起来。

园丁告诉富人："乡下的农民可能更熟悉鸟儿的天性，要不就请一位农民来试试吧。"

富人没有别的办法，只好点头同意，让园丁去乡下请来了一位农民。

把这位农民请来的第二天早上，富人惊讶地看到这只鸟儿在花园上空自由地翱翔。富人好奇地问那位农民："你是怎么教它飞起来的？"

农民答道："很简单，先生，我只是把它趴着的那根树枝砍掉了。

小鸟如此，人又何尝不是呢？我们经常贪恋自认为温暖的小窝，贪恋那份随遇而安的满足，甚至于为了贪图小利、满足现状而委曲求全，以至于默默无闻度过一生。致使商人、富豪、皇家贵族也只是为了自己的利益不敢跨越雷池半步。也许在这个世界上本来就没有一个完人。穷则思变，富则思守。贪图安逸是人的天生本性，这就是人啊，心理上多么贪婪的人，谁也无法例外。

试想，哪一个人不是在滚滚红尘之中追名逐利，向往富贵荣华的快乐生活，不再为生存而苦苦挣扎，过上幸福美满的日子。只是每个人的愿望不同，标准不同罢了。有些人则在相对舒适的生活环境中，养成了好吃懒做的

坏习惯，正应了那句俗语："越待越懒，越吃越馋。"更有甚者有了钱后横吃极要，玩物丧志，拈花惹草，红杏出墙……凡此种种，都是在贪图安逸，是有害而无益的。

一个人不能贪图安逸，一个民族不能贪图安逸，一个国家不能贪图安逸。贪图安逸的人注定是玩物丧志、无所作为的；贪图安逸的民族注定是没落的，没有活力和创造力的；贪图安逸的国家在国际竞争日趋激烈的形势下势必被淘汰、被抛弃。

孟子云："生于忧患，死于安乐。"穷极思变，物极必反。如果司马迁没受宫刑，他能心甘情愿去写《史记》吗？如果屈原不被流放，他能悲天悯人去作《离骚》吗？李后主要是不亡国，他也不会"无言独上西楼"有雅兴去吟咏"小楼昨夜又东风"。自古诗言志，都是物不平则鸣。从古到今，过分安逸的生活曾经葬送了许许多多原本应该在人世间有所作为的生命。然而，在世风日下、道德沦丧的现代社会中，仍然有许多人不知道珍惜光阴与自己的生命，一味地放纵物质享受的欲望，追求荒淫无度和醉生梦死的生活，在不知不觉中慢慢地走向毁灭。

作为人生的黄金时期，应该时刻保持一颗进取心，不可贪图安逸，满足于已得的安乐窝。当取得了一点成绩时，不要沾沾自喜，更不能高枕无忧。人生如逆水行舟，不进则退。其实，成功和失败，可能只有一步之遥，如果贪图安逸，不想多迈一步，就可能与成功擦肩而过，落下遗憾。

现实中，有的人奉行"工作越清闲越好，活动量越轻越好"的生活准则，胸无大志，贪图安逸，终日无所事事，懒于用脑，四肢懈怠，饱于口福；有的甚至每天大部分时间是在沙发和床上度过的，电视、网络、麻将、歌厅等任君逍遥……岂不知，如此"享福"，往往会因福得祸，真的会成了易拉罐中的章鱼和加热器中的青蛙，以至于后悔莫及。

心灵悄悄话

有些时候，我们之所以停滞不前，往往是因为，有所依赖，太过安逸。只有放下安逸，勇敢突破，方能有所成长。

我们的快乐是对自己的肯定

他是杂技团的台柱子,凭借一出惊险的高空走钢丝而声名远扬。在离地五六米的钢丝上,他手持一根中间黑色、两端蓝白相间的长木杆做平衡,赤脚稳稳当当地走过 10 米长的钢丝,从未有过丝毫闪失。一次,长木杆不小心折断了。团里非常重视,不惜高价找来了粗细相同、长短一致、重量也一样的木杆。直到他觉得得心应手时,团长才请油漆匠给木杆刷上与以前那根木杆相同的蓝白相间的颜色。

又是一次新的演出。在观众的阵阵掌声中,他微笑着赤脚踏上钢丝。助手递给他那根蓝白相间的长木杆。他从左端开始默数,数到第 10 个蓝块,左手握住,又从右端默数第 10 个蓝块,右手握紧,这是他最适宜的手握距离。然而今天,他感到两手间的距离比他以往的长度短了一些。他心里猛地一惊,难道是有人将木杆截短了? 不可能啊? 他小心翼翼地把两手分别向左右移动,一直到适宜的距离才停住。他看了看,两手都偏离了蓝块的中间位置。他一下子对木杆产生了怀疑。

刚走了几步,他第一次没了自信,手心有汗沁出。终于,在钢丝中段做腾跃动作时,一个不留神,他从空中摔了下来,折断了踝骨,表演被迫停止。事后检查,那根木杆长度并没变,只是粗心的油漆匠将蓝白色块都增长了一毫米。

很多时候,我们的自信都是受习惯思维的影响。木杆的长度没有变,但自信的距离改变了。就是这一毫米长度的变化,影响了他的成败。

当你对自己的平安负责时,便会了解你所有的想法或感觉都是出于你自己,虽然其他人好像会影响你的快乐或悲伤,但若因而认定别人应该对你的生活负起责任的信念,则只是看到表象而已,那是真实本体受到扭曲后所

呈现出来的表象,是幻觉,而不是真正的实像。

不可否认的,我们每个人都有往外寻求满足的倾向,也有为自己的问题而责怪别人的倾向。往外寻求喜乐或宽恕,必会失望,因为这两者都不在自心之外。

若能向内找到喜乐,我的喜乐就不受囿限,既不依赖那些与我一起生活的人,也不依赖爱我的人,更不必等别人来喜欢我或公平待我。

心灵悄悄话

> 我们的喜乐应该是一种很深的自信:"我知道现在的我,没有问题。"那是对自己生命本质的肯定,而这仅能来自于我们自己。

依靠自己的努力争得机会

犹太人的格言说:"希望完成自己所能的是人,希望完成自己所希望的是神。"这就是要求世人,一定要制订崇高的目标,以超越自我,取得杰出的成绩。犹太人相信这样的原则:"凡是自己所能做的事情,都要自己动手去做,绝不可以求神帮忙。"在遇到困难的时候,犹太人所秉持的原则是:"要承受发生的事情,要忍耐贫穷带来的变故。"

犹太人萨尔诺夫,9岁时随父母移居美国,由于家庭的清贫,没有机会读书。读小学时也不得不利用放学时间及假日做工,挣点钱贴补家用。当他小学快毕业时,父亲积劳成疾,过早地去世了,他只好辍学到社会当童工。

他没有抱怨父母给自己带来这么一种人生局面,而是非常勤恳地工作,把挣得的点滴小钱供家里人糊口,并省下几角钱买书自学。

几经周折,终于在一家邮电局找到一份送电报工作。他从此誓言要掌握电报技术,以后当电报业的老板。在今天看来,电报业已落后了,但在20世纪初却是刚问世的先进科技呢!萨尔诺夫不但有远见眼光,而且有决心和毅力攀登这个高峰。

他坚持了十多年的努力,把工资收入以最大限度地节省下来。他白天卖力工作,晚上读电工夜校,获得了老板赏识而逐步得到提升。

1921年,他的老板为了发展业务、分设"美国无线电公司",萨尔诺夫被委任为总经理。此时他已40岁出头,可大显身手了。最后,他终于成为美国无线电工业巨头,走上发迹轨道。

《塔木德》告诫人们说:"凡是自己所能做的事情,都要自己动手去做,绝不可以求神帮忙。"

我们对自己其实非常地了解,也愿意去改变,然而每当自己遇到困难的

时候,总是会回忆过去。其实,克服这一切,很简单,只要拒绝第一次"委曲求全"。拒绝了第一次,在遇到困难的时候,就对自己说:"那一次我那么坚强,这一次也没有问题,即使再大的困难,只要是自己解决的,在回想起来的时候才会心安。"关心与不关心其实只是我们一厢情愿的想法,我们不会知道任何除了我们自己之外其他人的内心真实的想法,所以别想太多,想太多只能是辛苦自己而已。再说,如果要坚强,就不要在意别人的看法,好好爱护自己吧,做任何事都不要想依赖其他人,信心不是别人给的,是自己内心的态度,做什么事只要决定的,就对自己说"我能行!"

人生的旅途中,我们每个人都不会走得一帆风顺,必定会遇到有许多大大小小的挫折与坎坷。在这些坎坷面前,有的人真得被打败了,然而有些人却在这里面学会了自强。因为他明白,风雨过后,眼前会是鸥翔鱼游的天水一色;走出荆棘,前面就是铺满鲜花的康庄大道;登上山顶,脚下便是积翠如云的空蒙山色。在这个世界上,一星陨落,黯淡不了星空的灿烂;一花凋零,荒芜不了整个春天。所以我们必需学会自强,那么自强是什么?

有人说过:"坚持的今天叫自强,坚持的明天叫成功。"

其实,每一位成功人士,都有着自强不息的性格,而这种性格,正是来源于坚持不懈。

对于能创造的人要多多给他们增添财富,对不能创造的人就让他们一无所有,那么一个人要想自强,怎么能不懂得创造呢?

心灵悄悄话

我们虽可以靠父母和亲戚的庇护而成长,倚赖兄弟和好友,借社会的扶助,因爱人而得到幸福,但是无论怎样,归根结底人类还是要依赖自己。

你了解自己吗?

和别人相处,我们是站在旁观者的立场上,能客观地看待一个人——优点易现,缺点无遗。

和自己相处,通常情况下我们会犯自以为是的错误——我还不了解自己吗?事实上,你真的了解自己吗?你了解自己,为什么还常常失败在自己的优势上?为什么还会一而再,再而三地犯同样的低级错误?所以,一个人最可怕的地方,是认不清自己。

也难怪,谁不喜欢听好话?别人的忠言、良言、诤言,常常难以入耳入心。所以,生活中我们听到的大多数是美言、吉言。当着你的面,有几个人会说你不好?一个人整天生活在好话中会是什么样子?要么很受用,飘飘欲仙;要么很难受,难辨就里。

一个人有朝一日再也听不到真话的时候,也是这个人和朋友相去甚远、最落败的时候。

所以,我们要学会和自己相处,我们得学会生自己的气——当然不是闷气。闷气伤身,而生自己的气,则起到益神清脑的效果。生自己的气,恰恰说明是我们头脑最清醒的时候——知道自己错了、错在哪儿了。知道自己错了,有时候比别人指出自己的错误,对错误的认识要深刻得多,并且更容易被自己接受。

和自己相处,还要学会不生他人的气。做到心平气和,很简单。心平了,你就知道人无完人,你就容得下别人的失败和别人的错误;气和了,你就明白和别人相处,就是要正确认识别人的价值和缺点。

善待自己,除了健康,更多的还是要善待自己的心情。健康需要呵护,而心情却需要一种自我的解嘲。

解嘲自己,是一个自我的认知过程。读懂别人容易,认识自己太难。有时,我可以一眼就把一个人看透,但我却不想太看透自己。看透了自己,或

许自己的人生从此也就一文不值了。

人,都有一个自我缺陷,即便你是一个近乎完美的人,都有自身的短板。只是有的人把自己的短板隐藏得很深,而有的人却在四处兜售自己的伤口。

善待自己,也是一个人性升华的过程。如果有一天你终于学会善待自己了,你的人生收获的将是一份成熟。

和自己相处,就是让我们静静坐下来,卸下负担,抚慰心灵,清楚自己身在何处、心往何方。

和自己相处,就是让我们对他人不抱怨,对挫折不气馁,对自己不放弃。

和自己相处好了,我们的生活变得明净而简单,还会拥有更多的成功和情谊。

一群乌鸦想彻底改变自己的坏形象,它们梦想成为鹰。

一只乌鸦前去观察鹰生养孩子,回来后告诉大家说:"不多不少,老鹰孵卵花了整整三十天。毫无疑问,这是老鹰从小就拥有强健体魄的原因。"

于是,乌鸦们孵卵也用去整整三十天。

一只乌鸦前去观察老鹰练飞的情况,回来告诉大家说:"我准确算过,老鹰每次练飞到离地一万米的高空再停飞,这肯定是它们拥有强大飞翔能力的关键。"

于是,大大小小的乌鸦们努力向一万米的高空冲去,从不停歇,可直到它们相继累死过去,乌鸦们也没有一只飞到那么高的位置。

乌鸦还是乌鸦,它们到死也没改变。

与其不切合实际地去幻想成为一只鹰,倒不如实实在在地做好自己。古语讲:"自知者明,知人者智。"有自知之明的人,知道什么能做,什么不能做,不盲目模仿别人,始终安稳地走在自己的路上,怎么能不算善待自己?

心灵悄悄话

当一个人面对自己的时候,如果我们能做到心气畅通——既能及时排解自己的气,又能有效化解他人的怨,我们一定会感到一身轻松。

活得像你自己,世界才能找到你

在这个阴阳混生的世界里,没有暗就没有亮。你打开一半的暗,就会暗淡一半的亮,就意味着失去一半与暗辉映的迷蒙美。你揭开了所有,当然,你也看清楚了所有。但明晃晃的,不全是美和喜悦。

所以说,活得糊涂是种境界。人的更大痛苦,不是清楚不了,而是糊涂不了。想清楚有聪明就够了,想糊涂却需要智慧。清醒的人知道自己想要什么,而清楚的人是什么都想要。所以说,活人生,最后就是活智慧。可惜,这个世界,更多的是聪明人,越聪明越清楚,越清楚越计较,最后痛苦得撇不开、放不下、挣脱不了。

活得清醒就不一样了。如果说清楚的人在水中,清醒的人就在岸上。清醒的人不是站得高了,而是离得远了,明白了有些浑水不必蹚,有些鱼儿不必羡,活得太清楚才是最大的不明白。清醒的人知道自己想要什么,而清楚的人是什么都想要。

什么都想要,才是最大的麻烦。生活中,我们不懂得做麻烦的减法。常常是没麻烦,自找麻烦。举着放大镜活着,看得越细,放大镜里的自己,样子就会越狰狞。

牵绊于欲望的人,一般会活得清楚,因为所有的心机,都用在得与失上,没法不清楚。而且,这样的人,即便自己得不到,也不能随便让人占了便宜。到最后,心也扭曲了。

恬淡平和的人,容易活得清醒。清醒的人,不是逃避开了尘世的喧嚣,而是在这样的喧嚣中让自己安静了下来。用林徽因的话说,就是学会了"在自己的内心修篱种菊",他们更关注精神和灵魂,宁可丢下尘世的脚步。

人可以不清楚,但不可以不清醒。要让一颗心,慢慢地欣赏在路上,而不是憔悴挣扎在路上。活一回,不是来过、活过,而是没白来、没白活。至少,你要活得像自己。这句话的言外之意是,你只有活出了自己,你找到了

自己,这个世界才能找到你。

从前,山上一座庙里有两个和尚:一个是老方丈,另一个是小和尚。

有一天,方丈让小和尚去山下的市集上卖一块石头。并嘱咐:无论别人出多少钱都不要卖!

快日落的时候,有个妇女愿出五文钱买这块石头。她想买回去给丈夫写字的时候压压纸,这样不容易被风吹走。

小和尚记着方丈的话,没有卖!

过了一个月,方丈又让小和尚去山下的米铺老板那里卖这块石头。还是嘱咐:无论出多少钱都不要卖!

小和尚带着石头来到米铺店,米铺老板听说小和尚是来卖石头的,拿着那块石头端详了半天说:"这样吧!我没有多少钱——我出500两银子买你这块石头!"

小和尚吓了一大跳,一块石头值500两银子啊!

米铺老板解释:"你不要看它只是一块石头,其实,它是一块化石,我愿意出500两银子来买这块石头!"

小和尚连忙说:"不卖、不卖!"抱着石头跑回了山。

再过了一个月,方丈又让小和尚去山下的珠宝店老板那里卖这块石头。还是嘱咐不要卖!

小和尚受不了了:这么贵的一块化石,让我拿着去卖,还说人家出多少钱也不卖!

可是,看着方丈严肃的样子,小和尚只好小心翼翼地带着石头下山了。

来到珠宝店,老板把石头拿过来端详半天,问小和尚:"这块石头是你的吗?"

小和尚说:"是啊!"

"你是这座山上的小和尚吗?"

"是啊!"

"是老方丈让你来卖的吗?"

"是啊!"

珠宝店的老板叹了口气,说:"这样吧,我也没有多少钱。我只有三家珠宝店、两家当铺和一些田产,我愿意拿我所有的财产来换这块石头!"

小和尚吓得"扑通"一声跌倒在地上，"这么值钱啊！"

珠宝店老板解释："你不要看它是一块普普通通的石头，其实，它只是外面包裹了一层石头的样子，里面是一块无价之宝的宝玉！就好像古代的'和氏璧'一样，在没开采前只是外面包了一层石头而已。我愿意用我所有的财产来换这块石头！"

小和尚吓得连忙说："不卖、不卖！"紧紧抱着石头连滚带爬地上山去找方丈。

方丈微笑着告诉小和尚："同样一块石头，在一个妇女的眼中，只是一块压压纸的石头，值五文钱；到了米铺老板那里，认识到它的一些价值，知道它是一块化石，愿意出 500 两银子来买；而真正懂得它价值的只有珠宝店的老板，知道它只不过是外面包裹了一层石头的样子，里面是一块无价之宝的宝玉！"

心灵悄悄话

要拥有成功的人生，给自己准确定位，寻找自己的价值是至关重要的，也只有这样，我们才能活出自己的价值。

第九篇　依靠自己解决问题

第十篇

换一个窗口欣赏风景

我们的心灵有一个认识世界的"窗口"，这个"窗口"可以被命名为"心态"。正如窗口的朝向、大小，可以决定我们看到的世界形态一样，我们对于一个人的认识，其实就是透过"心态"这扇心灵之窗所看到的那一部分。人濒临心灵窒息和精神危机时，你需要推开另一扇心窗，当然，那应是一扇充满欢乐与希望的心窗。人生有悲剧也有喜剧，有失败也有成功，有痛苦也有欢乐，你必须学会推开不同的心窗，学会看到痛苦、悲伤和挫折的时候也能看到快乐、美好和希望。

你的世界，是你的心灵制造的

假如一个人能完全客观地看世界和他人，不掺杂任何主观的东西，那是怎样一种状况？那他不是一个人，而是一台机器。他没有做人的乐趣，对他人，他就相当于一件高科技的无生命产品。若一个人仅做到客观，显然是很可悲的。

即使追求客观的现代物理学也认为，完全的客观是不可能的，即所谓的测不准原理。只要有观察者，他就会影响到被观察对象的状态，所以测量结果并不真正客观。尤其在观察心理、社会等现象时，主观对客观的扭曲更是司空见惯。

世界本来是同一个世界，但在不同的人眼里却如此不同，原因就是每个人在看这个世界时，掺入的主观材料不一样。每一个人，首先都是生活在一个自己制造的世界里，这个世界我们称为投射的世界，它隔离了人与真实世界的关系。这种隔离，少了多了都会造成问题。

一些经历过灾难的人，他们投射的安全的世界就变"薄"了，这使他们更接近真实世界的不安全。的确，没有人可以百分之百保证自己是安全的。但没有经历过创伤性事件的人，他们可以制造一个投射的、百分之百安全的世界，所以他们能够从容地生活、工作。

心理医生帮助经历过灾难的人，首先就是帮他们重建"虚幻的"安全感，让他们投射的世界变"厚"一点，直到足以让他们过普通人的生活。

这会使一个人跟现实世界脱节，自作多情的人就是典型。他们生活在一个自己制造的世界里：所有漂亮的异性，都会对我有意思。这种幻想，一方面可以给他们带来活下去的力量；另一方面，他们与现实不协调的得意，会引起周围人的嘲笑和厌烦。

投射的世界实际是一个人内心世界的一部分。有人这样比喻：单细胞生物的细胞膜和细胞质能抵御来自外界的攻击，却难以防御来自内部的攻

击。最好的办法是，把这些内部的威胁想象成来自外部的，即"投射"到外面去，这样就变得容易抵御了。

有时候，这样的投射会把自己置于一个难受的境地。

一位曾经的全国散打亚军走在街头应该很有安全感吧？但他却没有。他不敢到人多的地方去，因为害怕无意中碰到别人，被暴打一顿；也不敢跟人争吵，同样怕被殴打。

深层的心理分析发现，原来他总是想要打别人——专业的说法叫攻击性太强，又没有将其转变成温和的形式，就只能把它们丢给别人，以为别人会攻击自己。在弄清楚自己玩的这一花招后，前散打亚军再走在街头时，觉得每个人都在对自己微笑——虽然这也是自己制造的一个世界，但生活在其中，感觉实在好多了。

伍登在全美十二届的篮球年赛当中，替加州大学洛杉矶分校赢得十次全国总冠军，被大家公认为有史以来最称职的篮球教练之一。

有记者问他："伍登教练，请问你是如何保持这种积极心态的？"伍登很愉快地回答："每天我在睡觉前，都会提起精神告诉自己：我今天的表现非常好，而明天的表现会更好。""就只有这么简短的一句话吗？"记者有些不敢相信。伍登肯定地回答："简短的一句话？这句话我可是坚持了二十年！重点和简短与否没关系，关键是你有没有持续去做。如果无法持之以恒，就算是长篇大论也没有帮助。"

心灵悄悄话

你生活的世界到底是什么样子，有时与真实的世界并无太大关系，而与你愿意把它制造成什么样子有关系。

哀伤、灰暗是因为你开错了人生的窗户

一个美国小男孩天生就有一个大鼻子,因为这个大鼻子,他在学校几乎成了每个同学嘲笑的对象。他觉得不愉快、不自在,整天闷闷不乐,不爱和同学打交道,不愿参加班上的集体活动,只是趴在教室的最后一扇窗户旁看风景。

他的老师玛丽亚发现了小男孩的忧郁。一次课后,她走到小男孩身边问:"你在看什么呢?"

"我看见一些人正在埋葬那条可怜的小狗。"小男孩悲伤不已。

"那我们到前面的一扇窗户边去看看吧。"玛丽亚牵着小男孩的手到另外一扇窗户边,"孩子,你看到了什么?"

窗外是一大片玫瑰花,开得芬芳而灿烂,小男孩的悲伤顿时一扫而光。"孩子,你开错了窗户。"玛丽亚抚摸着小男孩的头说,"你知道吗?在老师的心目中,你的鼻子是最可爱的。"

"但大家都笑我啊。"小男孩深感委屈。

"那是因为你没有换一扇窗户,把你鼻子最可爱的一面展示给大家看啊。"

恰好学校有一个小型话剧演出,一个角色很符合小男孩。在玛丽亚的指导下,小男孩鼓起信心和勇气参加了,并成功了。因为他的大鼻子,人人记住了这个校园里的小明星。

后来,小男孩参加美国在线节目的演出,也名声大振。再后来他进入好莱坞,成了最受欢迎的明星之一。缺陷真的给他打开了另一扇明亮的窗户。无论走到哪里,他的大鼻子人见人爱。这个小男孩叫斯格特,20世纪美国最著名的滑稽明星之一。

当我们因出身门第、相貌缺陷无法选择而愁闷苦恼的时候,我们应该想

到换一扇窗,用自尊、自信、勇气和毅力去发掘人生另一面的风景,即使是缺陷也会展示出人生中最可爱、最亮丽的一面。

不是所有的花都适于肥沃的土壤,沙漠就是仙人掌的乐园。人生的许多成败不在于环境的优劣,而在于你是否选对了自己的位置。

鲜活的鱼是没有挂糊油炸的,真正的好汤从不添加味精,而是慢慢熬成的原汁。人生的许多档次不在于外在的包装,而在于内在的品质。

艳丽好看的蘑菇往往有毒,苦涩的野菜尝尝可以败火。人生的许多智慧不在于观察,而在于分辨。

铸钢有一道重要的工序叫淬火,把滚汤的钢锭放到冷水里急骤降温。人生的许多辉煌不在于狂热的宣泄,而在与冷静的凝结。

大师的作品常常留白,太满太挤容易使人失去想象的空间。人生的许多美丽不在于完美,而在于对缺憾的回味。

一位高僧说,如来并不在西方极乐世界,他就住在我们每一个人的心中。人生的许多寻找不在于千山万水,而在于咫尺之间。

人本身就是一个矛盾体,有着互为对立的两个面或多个面。生活只不过是幸福与痛苦,成功与失败等境遇的错综叠加而已。有时痛苦的遭遇冲淡了幸福的感觉,有时成功的欢愉弥补了失败的酸楚。如果我们的人生一面是痛苦、失败和沮丧,我们不妨打开人生的另一面,也许就是幸福、成功和希望。

在一间废弃的机械仓库里,施教授终于成功研制了命运剪辑器。只要你把自己的生命导入机器里,就可以随意剪辑自己的命运。

施教授跟助手说:"命运剪辑器的诞生,标志着人类终于像上帝一样,彻底掌握了自己的命运。所以,命运剪辑器的品牌名,就叫上帝。"

上帝牌命运剪辑器面市之前,施教授挑选了一百名小学生免费试用。

小学生们兴奋得大呼小叫,纷纷把那个像护腕一样的生命导入仪套在了手臂上。于是,每一台剪辑器里都出现了一条命运的轨迹,像曲曲折折的蚯蚓。在施教授的指点下,小学生们开始小心翼翼地剪辑自己的一生。

施教授高兴地说:"我相信经过剪辑,这些孩子将来一定会成为杰出的人物,他们的命运一定会精彩得像一支雄壮的进行曲。让我们拭目以待吧!"

这时候，一个脸色苍白的女孩问："施教授，我的小学时代非常无聊，我想让它快进，可以吗?"施教授走过来帮她操作了一番。一眨眼，她就走进了中学。

一个笨头笨脑的男孩说："三年级的时候我当选了三好学生，班主任在讲台上不停地夸我，我太幸福了。我能回放这一段幸福的时光吗?"施教授笑着指了指一个橙色的按键。这个小男孩得意扬扬地把班主任的夸奖回放了一整天。

十天后，孩子们带着剪辑过的命运离开了。施教授率领着七百多人的鉴定团，开始评点剪辑器里的一百种命运。

他们经过了三天三夜的鉴定，发现大部分孩子都把自己的一生剪辑得完美无缺。女孩都是貌美如花、一生幸福，男孩都是功成名就的杰出人士。一个评委说："太完美了! 但是，你们有没有觉得好像缺点什么? 他们都像是虚构的人物。"

这时候，一条生命轨迹让施教授眼前一亮："天哪! 你们瞧，这个女孩的生命多么特别。有晴天也有阴天，有成功也有失败，有微笑也有悲伤，非常真实，徐缓如诗。我觉得她的一生才是最优秀的剪辑作品! 你们认为呢?"评委们纷纷点头。

施教授去了那个女孩的学校，想给她颁发最佳生命剪辑奖。

不料，那个女孩显得很紧张，不肯要这个奖。施教授很奇怪，连忙问她原因。女孩红着脸说："施教授，我没有认真听讲，不会操作。所以，我把我的一生导入那台命运剪辑器以后，就根本没有动过……"

心灵悄悄话

有这样一句广告词："认真生活每一面。"是的，失败磨炼意志，成功给予力量，痛苦历练品质，幸福愉悦心情。无论生活在哪一面，我们都需要认认真真，秀出人生多面光彩来。

心，乐在静安

一位心理学家曾说："欣赏，其实就是将人的注意力相对集中，当人对一景物观赏、对一物件把玩时，全身心都会处在一种良好的循环状态，这对于养心很有好处。"

心，乐在静安。心一平静、安详，平和的心态呈现，人就有了底气，进而看人看事也就能够比较客观、理智。

当你走进美术馆浏览那一幅幅作品时，心灵会受到阵阵的触动；当你外出旅游，看到那多姿多彩的风景时，心旷神怡之感会油然而生……

这些都是欣赏给你带来的感受，这感受犹如你在干渴时喝上一杯清凉可口的茶水一般，顿时让你感到身心愉快。

在人们的生活中，很需要这种欣赏的心境。这种心境能让人摆脱躁动，去掉烦恼，换来平和心态。

欣赏还能使人获得更多的心境。心境每个人都有，但有的人心境比较单一。如果这单一的心境是愉悦的，那还不错；倘若是郁闷的，那就应当赶紧改变。如何改变呢？

欣赏能助人一臂之力。有的人喜欢坐下来观赏一幅山水画，得到的是恬静的心境；有的人静静地看书，得到的是收获新知的心境；有的老爷爷看小孙子，观其走路玩耍出怪样，得到的是欢喜的心境。

由此可见，好心境从欣赏中来。只要学会欣赏，惯于欣赏，人的心境就会多多。而集多种心境于一身，人的心态就会丰满、充实。人生是一个长期而持续的累积过程，且不如意事十之八九、可人心事仅二三。该秉持何种心态至关重要。它关乎一个人的幸福、健康乃至命运，可以说，心态是人生快乐与否的真正主人。

俗话说得好："心悦则觉物美，心悲则感事哀。"心态好了，心情就能恬静而舒适，拥有"千江有水千江月，万里无云万里天"的明澈心境，就能轻松简单地做人处世,始终保持一种乐观进取的积极人生态度与激情;心态不好,心情就会阴郁而恼躁,导致"情哀则景死"——看水水忧、望山山愁,影响情绪、影响身体健康、影响生活和工作的质量与好坏。

既然明白人生都必然要经历无数的艰难坎坷、悲欢离合,没有一帆风顺。那就应该秉持一种随遇而安、安贫乐道、宠辱不惊的生活态度。不要把自己看得太重,不要对人生要求太高,不要对生活苛求太多,能做到衣食无忧、精神快乐、身体健康就可以了。常听到老辈人这样劝导:知足者常乐、能忍者为安,一生能过得平淡、平常、平安就是福了。

要想保持住一种稳定恒久的平和、豁达、乐观的人生心态,既需要不断提高自己的文化素养、思想修养,也需要注重培养造就自己淡泊名利、宽容做人、厚道处事的品格操守。同时,要善于在遇到复杂多变的情况时,能冷静、客观、超越、机敏地及时认识和发现其中蕴含的积极、有利和向上的一面,借以正向激励自己去积极应对。

同样面对半杯水,心态好的人会说:"我还有半杯水";而在心态不好的人则会说:"唉,我只剩下半杯水了。"星空下漫步,心态好的人看到的是繁星满天闪烁,进而对生活充满了热爱和期望;心态不好的人则看到的是一片黑暗,感到的是绝望。面对生日,心态好的人会说"啊,我又长了一岁,从生活中得到的更多了";心态不好的人则哀叹:"唉,又少了一年,生活真没意思!"

由此可见,心态对于一个一生平均要活上30000天左右的人来说是多么重要!因此,我们每个活着的人,都应该努力成为能乐观把握和控制自己心态的主人,时时刻刻以心平、眼明、耳顺、情真、言朴、行谨的人生准则面对生活和工作,做到有数、有度、有量、有恩地对待社会、对待他人、对待生活、对待生命。

心灵悄悄话

只要做到守得住平凡、守得住清贫、守得住寂寞、守得住诱惑,不以物喜、不以己悲,就一定会拥有一个乐观的心境,一个快乐的人生!

心态决定我们的眼界

苏格拉底是单身汉的时候,和几个朋友一起住在一间只有七八平方米的小屋里。尽管生活非常不便,但是,他一天到晚总是乐呵呵的。

有人问他:"那么多人挤在一起,连转个身都困难,有什么可乐的?"

苏格拉底说:"朋友们在一块儿,随时都可以交换思想、交流感情,这难道不是很值得高兴的事吗?"

过了一段时间,朋友们一个个相继成家了,先后搬了出去。屋子里只剩下苏格拉底一个人,但是他每天仍然很快活。

那人又问:"你一个人孤孤单单的,有什么好高兴的?"

"我有很多书啊!一本书就是一个老师。和这么多老师在一起,时时刻刻都可以向他们请教,这怎能不令人高兴呢?"

几年后,苏格拉底也成了家,搬进了一座大楼里。这座大楼有七层,他的家在最底层。底层在这座楼里环境是最差的,上面老是往下面泼污水,丢死老鼠、破鞋子、臭袜子和杂七杂八的脏东西,那人见他还是一副自得其乐的样子,好奇地问:"你住这样的房间,也感到高兴吗?"

"是呀!你不知道住一楼有多少妙处啊!比如,进门不用爬很高的楼梯;搬东西方便,不必花很大的劲儿;朋友来访容易,用不着一层楼一层楼地去叩门询问……特别让我满意的是,可以在空地上养一丛一丛的花,种一畦一畦的菜,这些乐趣呀,数之不尽啊!"苏格拉底情不自禁地说。

过了一年,苏格拉底把一层的房间让给了一位朋友,这位朋友家有一个偏瘫的老人,上下楼很不方便。他搬到了楼房的最高层——第七层,可是他每天仍是快快乐乐的。

那人挪揄地问:"先生,住第七层楼是不是也有许多好处呀?"

苏格拉底说:"是啊,好处可真不少呢!仅举几例吧:每天上下楼,这是很好的锻炼机会,有利于身体健康;光线好,看书写文章不伤眼睛;没有人在

头顶干扰,白天黑夜都非常安静。"

后来,那人遇到苏格拉底的学生柏拉图,问道:"你的老师总是那么快快乐乐的,可我却感到,他每次所处的环境并不那么好呀。"

柏拉图说:"决定一个人心情的,不是在于环境,而在于心境。"

我们的心灵有一个认识世界的"窗口",这个"窗口"可以被命名为"心态"。正如窗口的朝向、大小,可以决定我们看到的世界形态一样,我们对于一个人的认识,其实就是透过"心态"这扇心灵之窗所看到的那一部分。

自主地认清我们的心灵上的局限,从另一方面说,就是向存在于"局限"之外的、相对而言仍很陌生的"疆域"积极进发。

大家知道,只要房子的任何一扇窗被挡住,我们就无法看到一个完整的外部世界。但也许你并不知道,建筑师的最大精力,就用在了开设拥有最佳视野的窗口之上。

因而,为了使自己的人生能够拥有最美丽、最幸福的风景,我们一定要努力为自己开设一扇最好的窗口。我们一定要认清一点——以怎样的目光去观察世界,以怎样的心态去接近世界,将决定我们能够从生活中得到什么,"以最佳心态来装备自己的人生"——这份信念,才是我们培养人生智慧的目的所在。

心灵悄悄话

我们一直认为,帮助自己观察世界的眼睛,向来是很客观的,却不知道,事实上人的心态已经在无形中为我们带上了"有色眼镜",从而使我们的眼睛歪曲了这个世界。

第十篇 换一个窗口欣赏风景

弯腰拾起的是尊严

很久以前，一位挪威青年男子漂洋过海到了法国，他要报考著名的巴黎音乐学院。考试的时候，尽管他竭力将自己的水平发挥到最佳状态，但主考官还是没能录取他。

身无分文的青年男子来到学院外不远处一条繁华的街道，勒紧裤带在一棵树下拉响了手中的琴。他拉了一曲又一曲，吸引了无数人驻足聆听。饥饿的青年男子最终捧起自己的琴盒，围观的人们纷纷掏出钱来，放在了琴盒里。一个无赖鄙夷地将钱扔在青年男子的脚下。青年男子看了看无赖，弯下腰拾起地上的钱，递给无赖说："先生，您的钱丢在了地上。"无赖接过钱，重新扔在青年男子的脚下，傲慢地说："这钱已经是你的了，你必须收下！"青年男子再次看了看无赖，深深地对他鞠了个躬说："先生，谢谢您的资助！刚才您掉了钱，我弯腰为您捡起。现在我的钱掉在了地上，麻烦您也为我捡起！"无赖被青年出乎意料的举动震撼了，最终捡起地上的钱放入青年男子的琴盒里，然后灰溜溜地走了。

围观的人群中有双眼睛一直默默关注着青年男子，他就是刚才的那位主考官。他将青年男子带回学院，最终录取了他。这位青年男子叫比尔撒丁，后来成为挪威小有名气的音乐家，他的代表作是《挺起你的胸膛》。

当我们陷入生活最低谷的时候，有时会招致一些无端的蔑视；当我们处在为生存苦苦挣扎的关头，有时会遭遇肆意践踏你尊严的人。针锋相对的反抗是我们的本能，但往往会让那些缺知少德者变本加厉。我们不如以理智去应对，以一种宽容的心态去展示并维护我们的尊严。那时你会发现，任何邪恶在正义面前都将无法站稳脚跟。

有的时候，弯下的是腰，但拾起来的，却是你无价的尊严！

临街的阳台,站着一位妙龄女郎,引得路人禁不住抬头看上两眼。一位绅士途经此处,他被女郎的美貌深深地吸引,便与她搭讪,向她表明爱意,女郎高傲地说:"如果你真的爱我,请在阳台底下待上 100 天,我自会下楼会你。"

绅士二话不说,就地坐了下来。

99 天过去了,再有 1 天就要到期,女郎轻挑帘栊,偷窥那三个月都纹丝不动的绅士,突然女郎惊呆了,只见那个"忠诚的绅士"缓缓地直起身,夹起椅子,若无其事地走了。女郎顿时晕倒。

99 天!绅士欠缺的不是耐心,他恰如其分地表达了自己的深情,又恰如其分地保留了自己的尊严。

人生的道路上,我们每个人都不可避免地面对各种风险与挑战,结果有成功,也有失败。不过,人生的胜利不在于一时的得失,而是在于谁是最后的胜利者。没有走到生命的尽头,我们谁也无法说我们到底是成功了还是失败了。所以我们在生命的任何阶段都不能泄气,都要充满希望!

不要因为痛苦而放弃你的选择。所谓的成功人士,无非是比别人多付出,多经历了磨难的人生罢了。不因痛苦而放弃你的选择,你才能成功。

凤凰涅槃羽化成蝶,正是因为经历了强烈的痛苦,然后才有着震撼人心的美丽。一个人的成功并不是偶然的,他是踩着无数的失败和痛苦走过来的,别人看到的只是他今天的光辉和荣耀。只有他自己知道,在他通往成功的路上,有着被荆棘扎破的斑斑血迹。

心灵悄悄话

我们不能控制自己的遭遇,但我们可以控制自己的心态;我们改变不了别人,我们却可以改变自己;我们改变不了已经发生的事情,但是我们可以调节自己的心态。

心态决定成败

众所周知，良好的心态对一个人来讲是至关重要的，也是乐观生活必不可少的一个因素。只有当我们具备了一个良好的心态时，才会有良好的发展。然而说到心态一词，越说就越显得俗气，从某种意义上来讲也显得格外的狭隘了。其实，这也是常人所知的两种心态——乐观和消极。当它们在生活中各自处于主导地位时，将会给我们展开一个不同的人生。

一个拥有乐观心态的人，他的生活无疑是充满了欢声笑语。这样的人一定活得丰富多彩吧！从一个乐观人的角度来讲，并不是他的生活里就没有辛酸挫折，只是他们习惯于把悲痛转化为力量。不断地提高自己，每一次的突破都是他们创造的奇迹，因为他们学会了如何寻找快乐。相反，消极心态的人，在他们的世界里，总是把简单的事情复杂化，缺乏自信。每次遇到挫折就会变得诚惶诚恐，面对困难却始终找不到一个突破口，发展下去恐慌就会占据了整个心灵，几经崩溃。前者与后者明显形成了鲜明的对比。在工作中，不同两种心态在面对同样一件事情的时候，情况也将大有不同，后者在办事效率上也就大打折扣了。反观自身，我们何不做一个乐观的人呢？

人生活在这个世上，不可能都是一帆风顺的，或者遇到困难，或者遇到挫折，或者遇到变故，或者遇到不顺心的人和事，这些都是人生前进中的正常现象。然而，有的人遇到这些现象时，或心烦意乱，或痛苦不堪，或萎靡消沉，或悲观失望，甚至失去面对生活的勇气。

不可否认，当这些现象出现时，会影响人的思维判断，会刺激人的言行举止，会打击人面对生活的勇气。比如，当你在工作中受到了上司的批评后，你会思想低落；当你在生活中遇到别人误会你时，你会感到气愤和委屈；当你失去亲人朋友时，你会悲痛至极；当你在仕途中遇到不顺时，你会怨天尤人，工作消极。

当遇到这些现象时，人的这些表现都很正常。因为人是会思维的高级感情动物,这也是区别于一切低级动物的根本。但这些表现不能过而极之,否则你会活得很累,活得很不开心,活得很不幸福。

人在生活中,要学会用阳光般心态面对生活。所谓阳光心态,就是一种积极的、向上的、宽容的、开朗的健康心理状态。因为,它会让你开心,它会催你前进,它会让你忘掉劳累和忧虑。

当你遇到困难时,它会给你克服困难的勇气,它会让你相信"方法总比困难多",让你去检验"世上无难事,只要肯登攀"的道理。

当你遇到不顺时,它会让你的头脑更加理性,让你面对不顺时,不是悲观失望,而是反思自己的做事方法、做人原则,让你有则改之,无则加勉,更上一层楼。

良好的心态对一个人来说是极为重要的,尤其是刚步入社会的实习生、见习生显得更为重要。在融入社会大家庭的那一刻,我们都肩负着自己的那份责任,因为有太多的知识需要我们去吸收、去掌握。良好的心态,将会成为我们克服困难、勇往直前的有力支持。

希望大家都能拥有一份良好的心态,抹掉心中消极的一面,饱览生命中的无数美景!

心灵悄悄话

幸福是一种感觉,幸福是一种心态。幸福是上天的恩赐,幸福多种多样,最公平的是人人都可以拥有。然而大多数人却忙于社会奔波,感觉不到幸福的存在。当你身心疲惫的时候,不妨静下心来,其实,幸福就在你的身边……

第十一篇

人生快乐的真谛

对于每一个人来说,他所做的一切,无不是为了实现心中的快乐。不同的人,对于快乐的追求方式不同。不同的人,对于快乐的收获也不同。有时候,快乐也在以不同的方式捉弄着人们。人们眼睛见到的,往往并非事物的全貌,只看见自己想寻求的东西。乐观者和悲观者各自寻求的东西不同,因而对同样的事物,就采取了两种不同的态度。事实上,这个世界依旧。每个人在生活中都会有类似的小插曲,这些小插曲正是我们追求快乐的最佳方式。要活得快乐,就必须先改变自己的态度。这也许就是快乐的真谛!

换一个角度感悟人生

生活中,我们在哀叹生命不幸,在等待希望的瞬间,时间像一只顽皮的小精灵窃笑着与我们擦肩而去。

时间一天一天地过去,童年的无忧无虑早已如梦般散去,少年的浪漫往事,也随着日历飘逸在岁月的风中……时光飞逝,往事烟云如歌,也只能存在记忆的光盘中,而未来的时光又如一条无声的河流,在浩浩荡荡地、义无反顾地向身后延伸。

岁月如梭,然而生命依然如苍穹的云朵那般轻盈,又像春天的原野般美丽而恬静……打开人生的第一页日历,就如掀开一张崭新的图画,岁月的年轮在春天的脚步中增长,生命在风的呼吸中升华。

细细想来,人生有许多困难和失败,只能算是岁月之歌中的一串不协调的颤音。通过勤奋和拼搏,仍然能奏出生命乐章的动听之音,同样会赢得热烈的喝彩!贫困、疾病,以至生命中更多劫难的降临,都是命运逼近你去创造和珍惜重新开始的机会,让你有朝一日苦尽甘来。虽然曾经因为劫难,遭受到打击与嘲讽,但在一个美丽的春天你最终还是会奏响生命的乐章,唱出自己最美妙的歌!

感悟失落

人生有谁不向往富有,有谁不憧憬未来,有谁肯让理想之舟中途搁浅,又有谁情愿让爱情之花在荒丘凋谢……是的,在人生的旅途中,时而会有一些枯叶凋零,乘风远航的生活也会有桅杆折断的一瞬。生活的脚步不管是沉重,还是轻盈,我们从中不仅能品尝失败的痛苦与迷惘,同时也享受着收获与快乐。

只要我们总结跌倒的原因,把孕育的勇气树起,告别迷惘的昨天,拥抱美好的今天,微笑面对明天,不管是从辉煌成功中走出,还是在失败中奋起,漫漫远方路,才是我们不懈的追求。

感悟自信

如果你是一棵小草,虽然没花儿的艳丽、树的高大,但是你却编织了绚丽多彩的大地。你以顽强的毅力,冲破顽石的束缚,进而勃发生机。如果你是一条无名的小溪,虽然没海的浩瀚、大江的奔腾;但是你却汇成了浩浩荡荡的江河。

虽然你走过的是崎岖坎坷的山道,却在勇往直前的征途中,你冲走一个又一个绊脚石,滋润万物,显示着生命的意义。人的一生没有一帆风顺的坦途。

当你面对失败而优柔寡断,当动摇自信而怨天尤人,当你错失机遇而自暴自弃的时候……你是否会思考:我的自信心呢?其实,自信心就在我们的心中!只要你拥有自信,只要你在不如意时想到自信,自信心就是一种立竿见影的特效药,定会医治内心的伤痛。无论你面前是铺满鲜花的幽径,还是荆棘丛生的山谷,你都应勇敢地走下去。要知道痛苦的进取同样会带来自信,只有信心百倍地去追求、去奋斗、去拼搏,才会抓住幸运的机遇,不会留下终生遗憾。朋友,相信自己吧!没有你,世界也许不会改变什么,而有你,世界将会更加多姿多彩。就让昨天成为沉思的碑石,满怀信心地走完漫长的人生之旅吧!

感悟乐观

乐观是失意后的坦然,乐观是平淡中的自信,乐观是挫折后的不屈,乐观是困苦艰难中的从容。谁拥有乐观,谁就拥有了透视人生的眼睛。谁拥有乐观,谁就拥有了力量。谁拥有乐观,谁就拥有了希望的渡船。谁拥有乐观,谁就拥有艰难中敢于拼搏的精神,只要活着就有力量建造自己辉煌的明天。

感悟平凡

我们走过漫漫的一生,有时候会突然发现自己的生活如此平淡,所有的日出日落、寒来暑往没有什么区别,一切的欢笑、泪水竟然相同,没辉煌之处,浑然不知地穿梭在每一个平凡的日子中。面对人生涌起的不过是淡而又淡的感觉,我们顿觉自己很平凡,平凡得像一束远方的微光、一叶小草、一滴晨露。为此我们惆怅,我们感叹。其实,我们不必为平凡悲叹,因为平凡也是一种美丽!平凡是荒原,孕育着崛起,只要你鹤岗开拓;平凡是泥土,孕育着收获,只要你肯耕耘;平凡是细流,孕育着深邃,只要你肯积累。平凡是一场惊险搏击之后的小憩,是一次辉煌追求之后的沉思。平凡是告别了无知的炫耀的狂妄之后的深沉。平凡不是人生之光的暗淡,不是生命之火的熄灭,不是超然物外的冷漠。白云为每一个平凡变幻多姿,为每一个平凡留下的清爽,太阳为每一个平凡照出一个明亮的天地。正是无数个平凡的日子组成了我们多彩的一生,正是无数个日子组成了这个灿烂的世界。让追求人生舞台上那惊心动魄的一幕的同时,学会在平平淡淡的日子里享受那一份宁静的美丽,享受人生的另一番情趣。

心灵悄悄话

青春仅有一次,生命仅此一回,让我们用心、用真情歌唱这美丽而又珍贵的生命之音吧!

快乐也需要分享

有一个故事,说一位犹太教的长老,酷爱打高尔夫球。在一个安息日,他觉得手痒,很想去挥杆,但犹太教规定,信徒在安息日必须休息,什么事都不能做。

这位长老却终于忍不住,决定偷偷去高尔夫球场,想着打九个洞就好了。

由于安息日犹太教徒都不会出门,球场上一个人也没有,因此长老觉得不会有人知道他违反规定。

然而,当长老在打第二洞时,却被天使发现了,天使生气地到上帝面前告状,说某某长老不守教义,居然在安息日出门打高尔夫球。

上帝听了,就跟天使说,会好好惩罚这位长老。

第三个洞开始,长老打出超完美的成绩,几乎都是一杆进洞。

长老兴奋莫名,到打第七个洞时,天使又跑去找上帝:"上帝呀,你不是要惩罚长老吗? 为何还不见有惩罚?"

上帝说:"我已经在惩罚他了。"

直到打完第九个洞,长老都是一杆进洞。因为打得太神乎其技了,于是长老决定再打九个洞。

天使又去找上帝了:"到底惩罚在哪里?"

上帝只是笑而不答。

打完十八洞,成绩比任何一位世界级的高尔夫球手都优秀,把长老乐坏了。

天使很生气地问上帝:"这就是你对长老的惩罚吗?"

上帝说:"正是,你想想,他有这么惊人的成绩,以及兴奋的心情,却不能跟任何人说,这不是最好的惩罚吗?"

古语曾说:"赠人玫瑰,手有余香。"当你把你的快乐与别人分享时,你不仅仅收获了更大快乐,也使世界多了一份快乐;如果你将你的快乐与他人互换,你不仅享受着你的快乐也享受着别人的快乐,别人享受自己的快乐的同时也享受着你的快乐,而世界至少多了两份快乐。

与家人分享快乐是一种幸福,更是一种责任。我们常常会说享受天伦之乐,而天伦的前提就是家,没有家就不会有真正的快乐。

与朋友分享快乐是一种倾诉,更是一种财富。那个在你最无助、最困惑、最黑暗的时候只想陪你坐坐的人就是真正的朋友。与朋友分享快乐和倾诉忧伤会让快乐更加快乐,让忧伤不再忧伤。试想一下,当你非常快乐时却没有朋友与你一起分享,那会使快乐失去其存在的真正意义。朋友有很多种,有谈心的挚友,也有酒肉朋友,但能长久的是那些能与你共苦和同甘的人,他(她)们就是你人生的一笔永远都会增值的"绩优股",是你的财富,忧伤时记得何朋友倾诉,快乐时也请与朋友酣畅淋漓地享受吧。

与陌生人分享快乐是一种善待,更是一种信任。与陌生人分享快乐不一定是给他(她)讲你的什么事或给予什么好处,也许只需要一个微笑,但这个微笑可能会挽救一个生命,拯救一个家庭,快乐是会传染的,对于陌生人的微笑就是一种信任,也是一种鼓励,让快乐弥漫在世界的每个角落。

当你快乐时请把它与身边的每一个人分享,当你悲伤时别人会倾听甚至安慰你、鼓励你,即使什么也不说只是轻轻地递上纸巾也足以令我们增添战胜悲伤的信心。人或许不会也不可能每天都笑呵呵,但至少得努力向快乐出发。生活的真谛可能就在这平常而普通的生活细节里,等着大家一起去分享。

心灵悄悄话

> 快乐和痛苦都要有人分享。没有人分享的人生,无论面对的是快乐还是痛苦,都是一种惩罚。

第十一篇 人生快乐的真谛

别让压力挤走快乐

一群年轻人到处寻找快乐,但是,却遇到了许多烦恼、忧愁和痛苦。

他们向老师苏格拉底询问:"快乐到底在哪里?"

苏格拉底说:"你们还是先帮我造一条船吧!"

年轻人们暂时把寻找快乐的事放到一边,找来造船的工具,用了七七四十九天,锯倒了一棵又高又大的树,挖空树心,忙忙碌碌造成了一条独木船。

独木船下水了。年轻人们把老师请上船,一边合力荡桨,一边齐声唱起歌来。苏格拉底问:"孩子们,你们快乐吗?"

年轻人们齐声回答:"快乐极了!"

苏格拉底道:"快乐就是这样,它往往在你为着一个明确的目的忙得无暇顾及其他的时候而不知不觉地来到。"

生活中经常听一些人抱怨生活无聊,时光难以打发;也经常听一些人感叹烦恼多多,生活没有意思。其实,生活是丰富多彩的,生活是快乐多多的,就看你怎样看待生活、发掘生活。有句话说得好:"生活中不是没有美,而是缺少发现美的眼睛。"同理,生活中不是没有快乐,如果你觉得无聊、寂寞、没意思,那是因为你不懂寻找快乐!人的一生是很短暂的,就算你能活满一百岁,也不过才三万六千五百天,扣掉三分之一的睡觉时间,扣掉懵懂的幼年时代,扣掉年老体衰的老年时代,你还有多少好时光? 这实在不多、贵比黄金的一分一秒若在长吁短叹中度过了,岂不白来世上走一遭? 既对不起自己、对不起生命,也对不起社会。

人,哭着、喊着跑到这个世界上来,面临的首要问题就是生存。要生存,就必然遇到竞争;有竞争,就必然有压力。所以,只要你选择活着,就注定要承受生存所带来的各种各样的压力,如升学、就业、晋职等,不胜枚举,不一而足。我们只有勇于正视压力,学会承受压力,才能在日趋激烈乃至残酷的生存竞争中,永远立于不败之地。

当过运动员或看过运动员训练的人都知道,为了增强腰部和下肢力量,运动员常在教练的指导下做一种压杠铃的负重练习。通过压杠铃的练习,运动员的力量尤其是腰部和下肢力量会迅速增强,奔跑和跳跃的能力会突飞猛进。当然,杠铃的重量一定要适当,轻了效果甚微,重了运动员受不了会闪了腰,而且杠铃重量的增加要因人而异、循序渐进。由此我想到,这杠铃,就像我们人生在世所必须背负的压力,适当地背负一些压力,既能锻炼个人的能力,也能促进社会的发展和进步。但压力过度,突破了身体和心理的极限,就会使人身心俱损,甚至彻底崩溃。当你感到实在承受不了的时候,要及时给自己减压。

于是,压力就像我们平时训练时的杠铃。每天都压压杠铃,才有足够的力量奔跑和跳跃啊。记得时时调整你那副杠铃左右两边的杠铃片。

人生的道路千万条,你只有量力而行,才不至于总因目标得不到实现而痛苦不堪。

人生,快乐是需要理由的。

不快乐也是需要理由的。

什么都有好的一面和不好的一面。

每个人都有自己快乐的理由,也有自己不快乐的理由。

关键是,你是否主动去寻找那些快乐的理由。

比如,有的人工作轻松、自由、压力小,但工资有点低。他要想感到快乐,眼睛就不能老盯着工资低不放,而应该多想想——自己多自在啊。

反过来,有的人工资很高,但压力大、不自由。他要想感到快乐,眼睛就不能老盯着工作压力大不放,而应该多想想——自己的工资待遇是大多数人所没有的。

上帝不可能把什么都给你。

紧紧抓住不快乐的理由,无视快乐的理由,就是你总是觉得难受的原因了。

当你感到实在承受不了的时候,要及时给自己减压。

人生的道路千万条,你只有量力而行,才不至于总因目标得不到实现而痛苦不堪。

所以,我们要正确地估量自己,一般不要去做自己力不从心的事情。

"盈则满,花至半开,酒至微醉,是为最佳。"做自己无法胜任的事情,无疑是自找苦吃。

人,只有量力而行,该放就放,当止则止,才能在轻松快乐的节奏中,收获真正应该属于自己的那份成功。

把一些无谓的痛苦扔掉,快乐就有了更多更大的空间。

心灵的房间,不打扫就会落满灰尘。蒙尘的心,会变得灰色和迷茫。我们每天都要经历很多事情,开心的,不开心的,都在心里安家落户。心里的事情一多,就会变得杂乱无序,然后心也跟着乱起来。有些痛苦的情绪和不愉快的记忆,如果充斥在心里,就会使人萎靡不振。所以,扫地除尘,能够使黯然的心变得亮堂;把事情厘清,才能告别烦乱;把一些无谓的痛苦扔掉,快乐就有了更多更大的空间。

不管昨天发生了什么,不管昨天的自己有多难堪、有多无奈、有多苦涩,都过去了,不会再来,也无法更改。就让昨天把所有的苦、所有的累、所有的痛远远地带走吧,而今天,我们要收拾心情,重新上路!

让感动的融融暖意,永远留在心中,即使有一天你不得不背负巨大的苦难,也不会放弃对生活的热爱。

心灵悄悄话

收拾心情,重新上路,轻松的旅程将伴随着愉快的收获与你一起度过人生的每一段岁月!

快乐是一种自酿的美酒

　　一个人可以学习如何让自己变得更快乐一些吗？创造正面情绪，是一个可以尝试的方法。快乐与不快乐，有时往往在一念之间。也就是你回应所遭遇到事情的想法。快乐的人思考比较正面，而根据研究，正面思考可以提升记忆力与解决问题的能力，而引发更多正面的思考，形成一个快乐的正循环。不快乐的人喜欢负面思考，容易把错误归罪于自己，同时觉得自己无法改变这一切。

　　世界上的物种都对快乐情有独钟。我们人类更是如此，向往自由，追求快乐。快乐，是人性中的一种本质需求，也是人活动的动力源泉。从物质上的温饱、舒适，到精神上的满足、惬意，这许许多多的快乐，无不成为人们争相追逐的奋斗目标。对于每一个人来说，他所做的一切，无不是为了实现心中的快乐。不同的人，对于快乐的追求方式不同。不同的人，对于快乐的收获也不同。有时候，快乐也在以不同的方式捉弄着人们。

　　追求快乐的方式不同，不仅在于人们对于快乐需求的强烈感不同，更在于人们对于快乐属性的认识度不同。快乐，是需要认识的。很多时候，快乐是有争议的。当人们向往一种快乐的时候，往往是以自己的世界观、人生观、价值观为理论基础的。当两种互相矛盾的快乐在头脑中发生斗争的时候，也是人的感性观念和理性观念发生碰撞的时候，在进行充分辨别和确认之后，我们会打倒一方、驱逐一方、坚守一方、捍卫一方。在这个意义上，对于快乐的认识不同，决定了一个人的品位高低和素质优劣。

　　透过一个人追求快乐的方式，往往可以发现他情感上的快乐目标。有的人勤奋工作，可以说明他以忙碌为快乐，是一个生命充实、甘于奉献的人。有的人懒散成性，并借此鄙视那些实干家，显示自己的优越，可以说明他以慵懒、享受为快乐，是一个纨绔、浅薄的人。有的人朴实厚道，为朋友、为亲人舍己在先、全力以赴，可以说明他以聚人气、旺人缘为快乐，是一个重情重

义的人。有的人视钱如命，高于一切，可以为钱抛弃亲情、友情、道义，可以说明他以利为乐，是一个唯利是图、重利忘义的人……不管是什么人，统称追求快乐的人。

快乐无时无刻不在左右人，每个人都在收获自己的"快乐"。快乐是会捉弄人的，有的人收获的是真快乐，有的人收获的是假快乐，有的人收获的快乐自己十分喜欢，有的人收获的快乐自己十分反感。这说明，追逐快乐要有所选择，对快乐要提高认识，精神观念要科学正确，能经考验。对于我们，看看自己每天追求快乐的方式是什么，有助于我们更好地思考和生活。有时候，当发现自己心中真实的快乐目标时，也许会令自己感到意外，会说："我怎么会是这个样子？"这时候，可以把自己的生活理论调出来进行审查，去伪存真，那时会让自己更轻松、更坦然、更像自己。

相传有一个富商，生意做得很大，但是每日算计、操心，多有烦恼。在他家隔壁，住着一对贫穷夫妻，靠做豆腐为生，虽说清贫，却有说有笑，快快乐乐。

富商的太太心生忌妒，富商说："那有什么难，我叫他们明天就笑不出来。"言罢，一抬手将一大锭金元宝从墙头扔了过去。

次日清早，穷苦夫妻发现了这一锭来历不明的金元宝，心情大变：揣测这钱的来路，又琢磨能否弄到更多的钱……如此这般，三天三夜，茶饭不思，寝食不安，自此，再也听不到他们的歌声和笑声了……

一墙相隔的富商对他的太太说："你看，当初我们不也是这样的吗？事情就这么简单！"

心灵悄悄话

其实每个人都可以让自己过得很充实、很快乐的，只要能保持一颗不老的心！快乐是一种自酿的美酒，是自己酿给自己品尝的；快乐是一种主观感受，是要用心去体会的。有些人明明有很多值得快乐的事，却总以为自己是最不幸的人，整天闷闷不乐。

并非只有一个答案

从前,普陀山上有座庙,庙里住着一个老和尚和一个小和尚,他们师徒二人在寺庙中相依为命。

有一天,老和尚给小和尚出了一个问题:"一个爱清洁的人和一个不爱清洁的人一同从外面回来,是爱清洁的人先去洗澡,还是不爱清洁的人先去洗澡?"

小和尚搔了搔头皮,迅速地答道:"当然是不爱清洁的人先去洗澡,因为他身上脏得很。"老和尚看了看小和尚,不置可否。

小和尚以为自己回答得不正确,又马上改口说:"一定是那个爱清洁的人先去洗澡。"

老和尚问:"为什么?"

小和尚胸有成竹地说:"那还不简单,爱清洁的人有爱洗澡的习惯,不爱清洁的人没有爱洗澡的习惯,只有爱清洁的人才有可能去洗澡。"说完,小和尚等待师傅的夸奖。

出乎意料的是,老和尚不但没有夸奖小和尚,还说小和尚没有悟性,小和尚更加莫名其妙了。

"两个都得去洗澡,爱清洁的有洗澡的习惯,不爱清洁的需要洗澡。"小和尚只有这样回答了。可师傅的脸色告诉他,又错了。

小和尚只剩下最后一个答案,于是怯生生地回答:"两个都不去洗澡,原因是爱清洁的人很干净,不需要洗澡,不爱清洁的人没有洗澡的习惯。"

他刚说完,老和尚满意地说:"其实,你已经把四个答案都说出来了,但你每次都认准一个是正确的,你的答案是不全面的。因此,单单拿出一个都不是正确的答案。生活中这样的例子并不少见,尤其是在与人交往中,有时并非因为做得不对,而是没有全面地考虑问题。世界是丰富多彩的,一个问题并非只有一个答案。

　　追求快乐的途径很多，不光是只有你认定的那一个。一般人往往认为自己这一生只能成功地担任一种工作、扮演一个角色，甚至以为如果不能得到或办到这一点，自己就永远不会快乐，这种想法未免太狭窄了。不能达成目标固然痛苦，可是这并不表示你从此就与快乐绝缘了，除非你自己要这样想。

　　人的一生，总有学不完的知识，总有领悟不透的真理，总有一些有意或者无意的烦心事闯到心里来，总之，生之梦，顺少逆多，一辈子不容易，千万不要总是跟别人过不去，更不要跟自己过不去。

　　开心地去面对每一个人，要学会看到朋友身上的优点，学习朋友身上的优点，朋友的缺点正是你最好的反面教材，如果你也有这样的缺点请及时改正，不正是你所期望的吗？

　　开心不仅仅是心里的感觉，而是因为你有了开心的感觉，于是别人可以从你的脸上读到微笑、读到开心。如果你在生活中比较细心，你就会知道世间最美丽的表情就是微笑，如果你每天都想拥有世间最美丽的表情，那么请把开心当成一种习惯吧！

心 灵 悄 悄 话

　　　对事物应采取弹性的态度，不要冥顽不灵，记住任何最好的事都不一定只有一个。当然这并不是要你放弃实际、可行、梦寐以求的目标，而是鼓励你全力以赴，使梦想实现。

快乐不只是没有烦恼

有位老太太生了两个女儿,大女儿嫁给了一个卖雨伞的,小女儿嫁给了一个开洗衣店的。

这个老太太每天愁眉苦脸、忧心忡忡。每当天气晴朗的时候,就想起大女儿,担心雨伞卖不出去。每当下雨的时候,就想起小女儿,担心洗衣店里的衣服会晒不干。每天不是担心大女儿就是担心小女儿,没有一天开心。

有一天老太太碰到了一个年轻人,年轻人见到老太太愁眉苦脸,就问老太太为什么。老太太就把两个女儿的事情告诉了年轻人,年轻人一听,高兴得不得了,老太太很不解,就问年轻人为什么这么高兴? 年轻人说:"当雨天的时候您就想您的大女儿,您的大女儿卖雨伞生意会很兴隆;当晴天的时候您就想您的小女儿,您小女儿洗衣店里的衣服很快就会晒干,每天都有好消息呀。"老太太听了年轻人的话,果然天天脸上都有了笑容。

每个人都有烦恼,但并非人人都不快乐。快乐也不依赖财宝,有些人只有很少的钱,但一样快乐。也有些人身家丰厚,但也不见得终日笑口常开。人们能否一生都保持快乐,愉快地生活呢?

美国舒勒博士在他的新书《快乐的态度》中揭开了永远快乐之秘诀。

每个人如果懂得以下八条秘诀,自然有个快乐的人生。

(1).没有人是完美的。必须承认自己的弱点,并乐意接受别人的建议、帮助和忠告,只要你勇于承认自己需要帮助,成功必然在望。

(2).从挫折中吸取教训。在面对失败或挫折时所抱的态度应该是从中吸取经验,继续努力。

(3).生活必须诚实和富于正义感,这样才能吸引好朋友来帮助你。著名心理学家巴达斯曾经被问及:"哪些是人类今天最基本及最深切的心理需要?"她回答说:"人类需要爱。"但这不限于男与女之间的爱,从心理学家的

观点看来,好人永远是快乐的。

(4).能屈能伸。无论在顺境或逆境之中,我们的生活态度都应该是处之泰然。有了错误,立即改正。

(5).热心帮助别人。如果要真正快乐,自己受人尊敬,则应帮助别人,与别人关系融洽。

(6).要人待你好,你必须先对他人好。当你受到不平等待遇时,你必须宽恕和同情他人。

(7).坚守信念。当你做任何事时,必须坚持个人的信念。

(8).快乐永存心间。只要时常保持心境开朗,快乐是很难舍弃你的。

一只松鼠从一根树枝向另一根树枝跳去时,一不小心,掉下来了,正好掉在一只熟睡的狼身上。

狼被惊醒,马上就想吃掉松鼠。松鼠立刻要求说:"放了我吧,我告诉你一个秘密,我告诉你你为什么不快乐。"狼说:"好,我可以放了你,你必须告诉我,你们松鼠为什么那么快乐,看见你们总是在高高的树上蹦蹦跳跳,玩得那么开心,而我老是感到孤独、感到无聊?"松鼠说:"你先放我到树上去,我到了那儿再告诉你,因为在这儿我怕你。"狼把松鼠放了,松鼠跳上树后,对狼说:"你为什么感到孤独、感到无聊? 因为你太凶恶了,你的心非常狠毒。我们松鼠之所以快乐,是因为我们松鼠都非常善良,我们从不做恶事,对谁都很友好。"

"松鼠和狼"的寓言,其实,快乐就是这么简单:你善良,你就是快乐的;你违背善良,你就已经注定了不快乐的命运! 狼也是渴望他人的温暖的友爱的;但它对别人却不温暖,更谈不上友爱。于是,狼所不欲的,就被还施于己身了——痛苦和孤独就这样被创造出来了。

心灵悄悄话

> 任何事物都可以从多个角度去分析,也就会得到不同的结论;生活总是充满矛盾,因此,我们要学会转换思维,寻找快乐的源泉。

第十二篇

给生活注入希望

　　生活就是因为有了希望，生命的激情才能不断喷发；生活就是因为有了希望，生命的青春才能持续燃烧；生活就是因为有了希望，人生才会变得如此灿烂和充满阳光；生活就是因为有了希望，生命才会有延续的渴望；生活就是因为有了希望，亲情才会不断令人向往。

　　生活的机会也总是眷顾那些时刻有准备的人们，那么就让我们时刻准备着，寻找和等待机会的降临，然而抓住和把握机会，面对困难和挫折，从容地走出困境，迎接美好生活的到来。

人生如棋，落子不悔

　　人生就像是一盘棋，对手则是我们身处的环境。有的人能预想十几步，乃至几十步之外，早早便做好安排；有的人只能看到几步之外，甚至走一步，算一步。与高手对招，常一步失策，满盘皆输；但是高手下棋，眼见的残局，却可能峰回路转，起死回生。

　　有的人下棋，落子如飞，但是常忙中有错；有些人下棋又因起初思考太多，弄得后来时间不够，捉襟见肘。

　　有的人下棋，不到最后关头，绝不认输；有些人下棋，稍见情势不妙，就弃子投降。棋子总是越下越少，人生总是越来越短，于是早时落错了子，后来都要加倍苦恼地应付。而棋子一个个地去了，越是剩下得少，便越得小心地下。赢，固然漂亮；输也要撑得久。输得少，才有些面子。

　　所幸者，人生的棋局，虽也是"落子无悔"，观棋的人，却不必"观棋不语"，于是功力差些的人，找几个参谋，常能开创好的局面。但千万记住，观棋的参谋，也有他自己的棋局，可别只顾给人帮忙，而误了他自己盘上的厮杀。如果你不知道计划、未来，必是个很差的棋手；如果你没有参谋，必是很孤独的棋手；如果你因为输不起，而想翻棋盘，早早向人生告别，必是最傻的棋手。你还有多少棋子？你已有多少斩获？你是否应该更小心地把所剩无几的棋子，放在最佳的位置上？

　　人生如棋。你的对手就是命运。命运是冥冥之中的一种力量，在它面前任何人毫无优势可言，就像是在棋局中，你是个新手而他是九段，要下完这盘棋，唯一的凭借就是勇气。

　　人生如棋，它不用你去开局，因为它已经摆好了一个残局等着你。那里面有着希望，也会有失望。隐藏着无数的危险，却也蕴含着无限的生机。

　　人生如棋，有时候也是"一步错，满盘皆输"，所以每走一步，请深思熟虑！冲动的代价往往是无法估计的，好好面对自己的每一次抉择，因为那是

老天给你的机会,也许其中的一个选择会让你战胜命运,从此摆脱过去开始你不一样的人生。

人生如棋,重的也是棋品。"举手无悔大丈夫"! 人生路上,你再怎么小心也会有走错的时候,你会后悔,可你却不能说"我可以悔棋吗?"因为命运它不会同意,它只会趁你在追悔的时候加紧向你进攻,让你越来越陷入困境。所以不要再在那边叹息了,后悔是没用的。做错了,改过来;跌倒了,爬起来。无法改变的记住了,那是经验。

人生如棋,在棋局中要的是努力。不要轻易地说放弃,因为每个人才那么一局而已。你也许累了,你也许倦了,你也许认为没希望了,这时候我希望你还记得"天无绝人之路""柳暗花明又一村"。

人生如棋,是对人生的一点感悟。

从前有三兄弟想知道自己的命运,于是他们便去找智者,智者听了他们的来意后说:"在遥远的天竺大国寺里,有一颗价值连城的夜明珠,如果叫你们去取,你们会怎么做呢?"大哥首先说:"我生性淡泊,夜明珠在我眼里只不过是一颗普通的珠子,所以我不会前往。"二弟挺着胸脯说:"不管有多大的艰难险阻,我一定把夜明珠取回来。"三弟则愁眉苦脸地说:"去天竺国路途遥远,诸多风险,恐怕还没取到夜明珠,人就没命了。"听完他们的回答,智者微笑着说:"你们的命运很明晓了。大哥生性淡泊,不求名利,将来自难以荣华富贵。但也正由于自己的淡泊,他会在无形中得到许多人的帮助和照顾。二弟性格坚定果断,意志刚强,不惧困难,预卜你的命运前途无量,也许会成大器。三弟性格懦弱胆怯,遇事犹豫不决,恐怕你命中注定难成大事。"

心灵悄悄话

人生如棋,人如棋子。有时需要听从别人的摆布,什么时候才能走出棋局,做一个棋手,那需要你的努力和机遇。也许,正因为有落棋无悔的规则,所以才有棋如人生的说法。又或许,不论多高明的棋家都控制不了棋局的最终结果,犹如无论多深的智者都预知不了人生,所以,人生如棋,落子不悔!

人生短暂，善待自己

男孩迪克与他的妹妹琼相依为命。父母早逝，琼是迪克唯一的亲人。所以迪克爱琼胜过爱自己。

然而灾难再一次降临在这两个不幸的孩子身上。妹妹染上了重病，需要输血。但医院的血液太昂贵，迪克没有钱支付任何费用，尽管医院已免去了手术费。但不输血妹妹就会死去。作为妹妹唯一的亲人，迪克的血型与妹妹相符。医生问迪克是否勇敢，是否有勇气承受抽血时的疼痛。迪克开始犹豫，10岁的他经过一番思考，终于点了点头。

抽血时，迪克安静地不发出一丝声响，只是向着邻床上的妹妹微笑。

手术完毕后，迪克声音颤抖地问："医生，我还能活多少时间？"

医生正想笑迪克的无知，但转念间又被迪克的勇敢震撼了：在迪克大脑中，他认为输血会失去生命。但他仍然肯输血给妹妹，在那一瞬间，迪克所做出的决定是付出一生的勇敢并下定了死亡的决心。

医生的手心渗出了汗，他握紧了迪克的手说："放心吧，你不会死的。输血不会丢掉生命的。"

迪克眼中放出了光彩："真的？那我还能活多少年？"

医生微笑着，充满爱心地说："你能活到100岁，小伙子，你很健康！"

迪克高兴得又蹦又跳。他确认自己真的没事时，就又挽起了胳膊——刚才被抽血的胳膊，昂起头，郑重其事地对医生说："那就把我的血抽一半给妹妹吧，我们两个每人活50年！"所有的人都震惊了，这不是孩子无心的承诺，而是人类最无私、纯真的诺言。同别人平分生命，又有几人能如此快乐、如此坦诚、如此心甘情愿地说出并做到呢？

人的一生，来去匆匆。我们在亲人的欢声笑语中诞生，又在亲人的悲伤哭泣中离去。我们无法决定自己的生与死，但我们应庆幸自己拥有了这

一生。

　　人就这么一生，都希望有个幸福的家，每天都快快乐乐。但生活中，不是一切都尽如人意，每天我们都会遇到各种各样的困难和烦恼。人的一辈子，有多少无可奈何，邂逅多少恩恩怨怨。可是想到人不就这么一辈子吗，有什么看不开的？人世间的烦恼忧愁，恩恩怨怨几十年后，不都烟消云散了，还有什么不能化解、不能消气的呢？

　　人就这么一生，我们应快乐地度过这辈子。只要我们不丧失对生活的信心、对理想的追求，只要你虔诚地去努力，乐观地去对待，事业上有好的机遇，就快速反应，抓住机遇，果断决策，应有超人的智慧去完成自己的人生理想，因为人生短暂，时光如剑，让我们人生的每个季节都光辉灿烂。

　　人就这么一生，我们不能白来这一遭。所以让我们从快乐开始！做你想做的，爱你想爱的。做错了，不必后悔，不要埋怨，世上没有完美的人。跌倒了，爬起来重新来过。不经风雨怎能见彩虹，相信下次会走得更稳。

　　人就这么一生，人就到这世上匆匆忙忙地来一次，我们每个人的确应该有个奋斗的目标。如果该奋斗的我们去奋斗了，该拼搏的我们去拼搏了，但还不能如愿以偿。我们是否可以换个角度想一想：人生在世，有多少梦想是我们一时无法实现的，有多少目标是我们难以达到的。我们在仰视这些我们无法实现的梦想，眺望这些我们无法达到的目标之时，是否应该以一颗平常心去看待我们的失利。"岂能尽如人意，但求无愧我心"。对于一件事，只要我们尽力去做了，我们就应该觉得很充实、很满足，而无论其结果如何。

　　人就这么一生，要活得轻松洒脱、要想活得轻松，活得洒脱，你就该"记住该记住的，忘记该忘记的，改变能改变的，接受不能改变的"。唯有这样，你才会活出一个富有个性的、全新的自我！

　　人就这么一生，不要去过分地苛求，不要有太多的奢望。若我们苦苦追求却还是一无所获，我们不妨这样想：既然上帝不偏爱于我，不让我鹤立鸡群，不让我出类拔萃，我又何必硬要去强求呢？别人声名显赫，而自己却平平庸庸。我们不妨这样安慰自己：该是你的，躲也躲不过；不是你的，求也求不来。我又何必要费尽心思绞尽脑汁地去占有那些原本不属于我的东西呢？金钱、权力、名誉都不是最重要的，最重要的还是应该善待自己，就算拥有了全世界，随着死去也会烟消云散。若我们要是这样想，我们就不会再为自己平添那些无谓的烦恼了。

人就这么一生,开心很重要。开心也是一天,不开心也是一天,干吗硬要逼着自己不开心呢?是啊,人就这么一辈子,做错事不可以重来的一辈子,碎了的心难再愈合的一辈子,过了今天就不会再有另一个今天的一辈子,一分一秒都不会再回头的一辈子,我们为什么不好好珍惜眼前,为什么还要拼命地自怨自艾、痛苦追悔呢?

　　人就这么一生,要学会把握自己。我们可以淡然面对,也可以积极地把握,当你看不开、当你春风得意、当你愤愤不平、当你深陷痛苦中的时候,请想想它,不管怎么样,你总是幸运地拥有了这一辈子。

　　人就这么一生,没有来世。所以让我们从微笑开始!人活一辈子,开心最重要。

　　拥有健康的体魄,在快乐的心境中做自己喜欢做的事情,完全地实现自身价值,是人生最大的幸福。

心灵悄悄话

> "好景不常在,好花不常开"。人生短暂,好好地去珍惜它、善待它、把握它吧!珍惜珍重你身边的每个人,尤其是你自己!

走过去！前面是晴朗的天

爱·罗塞尼奥是第七届国际马拉松比赛冠军。当他从领奖台上走下来的时候，有记者问他："是什么力量让你坚持到最后，跑在最前面？"他想了想，就讲了一个自己的故事。

在上中学的时候，有一次他参加学校举办的10公里越野赛。开始，他跑得很轻松，慢慢地，他感觉有些跑不动了，汗流浃背，脚底发虚，很想停下来歇一歇，喝口水。这时，一辆校巴开了过来，校巴是专门在赛跑路线上接送那些跑不动或者受伤的学生的。他很想上车，但还是忍住了。

又跑了一段时间，他感到两眼模糊、胸口发闷，双腿灌铅似的沉重，停下来休息的愿望强烈地袭了上来。又一辆校巴开过来了，他迟疑了一下，还是压制住了他那极速膨胀的渴望，继续朝前跑。

不知又跑了多久，到了一个小山坡前，他感到眼冒金星、全身虚脱，两条腿似乎不再属于自己。他觉得现在要爬上眼前这个小小的山坡，对他来说绝不亚于攀登珠穆朗玛峰。他绝望了，不再坚持，当校巴再一次开过来的时候，他没有犹豫，上车了。

没想到的是，校巴开过那个小山坡一拐弯就到了终点。他后悔极了，要是再坚持一分钟，冲刺一下，就能越过小山坡，跑到终点，那是多么令人骄傲的事情啊！从那以后，每次参加比赛，当感到自己跑不动、快要泄气的时候，他就不断地对自己说："再坚持一分钟，快到终点了！"就这样，他一直跑到世界冠军的领奖台！

生活中，我们不管做什么事情，只要坚持到底，就会成功！怕就怕自己半途而废。

人生没有永远的一帆风顺、没有永远的"晴天"，没有永远的幸运儿，常言道："机会只会垂青有准备的人士。"一次失败也不可能成为永远的失败。

跌倒能迅速地站起来,并继续向前行的才是强者,才是成大事者的胸襟。否则,一叶障目、不见泰山,到头来只能是一落千丈,越滑越深走进痛苦的深渊。相反,如果做"有准备的人士"走出失利的阴影,擦干眼泪、开动脑筋、奋勇向前则会柳暗花明看到一番新天地。报载:曾勇一个出生在湖南益阳贫困农家的孩子,为了不再给家庭带来负担毅然放弃了读高中上大学的机会,考入了湖南省农业机械化学校。只有中专文凭的他后来仅凭 16 元"起家",经过辛勤的努力工作并"经常做有准备的人"最终成为数家珠宝公司董事长。由此可见,不读大学也可以出类拔萃、成就事业的辉煌。

常言道:"胜不骄、败不馁。"其实,一个普通人,"败勿馁"比"胜勿骄"更重要。失败、挫折、逆境是灾难,但也更是机会。一个人在逆境中、在失败时,如果能咬牙坚持住,他的精神力量很可能被极大地调动起来,使潜在的内能被最充分地挖掘,从而能战胜困难、走出逆境创造奇迹。史学家司马迁因为替李陵"回护开脱",贬责汉武帝的爱姬李夫人的哥哥李广利,被汉武帝投入监狱并受到"宫刑"的惩罚。肉体和精神受到非人的折磨:"肠一日而九回,居则忽忽若有所亡。"当时痛苦失败的程度可想而知。但他还是忍辱负重坚持下来,并且完成了被鲁迅称为"史家之绝唱,无韵之《离骚》的《史记》",给后人留下了万分宝贵的精神财富。今人对他的作品和人格佩服的五体投地,特别是做档案工作的,被称为"兰台"工作者的人们更是顶礼膜拜。这足以验证了"失败、痛苦常常是酝酿激发人体主观潜能的"酵母"和"激素"的准确性。

爱好登山探险的拉斯顿独自来到峡谷登山。他在攀过一道三英尺宽的狭缝时,被一块巨石挡住了去路。他试图将石头推开,巨石却猛地向下一滑,将他的右手和前臂压在了旁边的石壁上。

拉斯顿忍着剧痛,使劲用左手推巨石,希望能将手臂抽出来,然而千斤巨石凭一臂之力怎能推得动? 精疲力竭的拉斯顿终于知道,最好还是保存体力等待救援。

然而第二天早晨,饥肠辘辘、浑身无力的拉斯顿从睡梦中醒来时才发现,他所在的地方太偏僻,救援人员根本不可能找到这里,要想活命,唯一的办法就是断臂。

主意已定,拉斯顿折断自己胳膊的骨头,用随身携带的折叠刀割断右

臂，然后跳下悬崖，艰难地沿原路返回。虽然忍受了常人难以想象的剧痛，但拉斯顿最终自救成功。

在人生的旅途中，难免会像拉斯顿那样遇上险境，但若能扼守住生命中最后一线希望，你就多了一次机遇。或许，恰恰就是那最后一搏，会让你收获一个亮丽的人生。

只要有壮士断腕的勇气，再大的苦难也会为你让路，因为勇者的字典里，永远没有绝望！

信心和勇气是人生前行不竭的动力，是人生走出痛苦、走上光明的"永动机"；是心里有阴影者的一副"心灵鸡汤"；是失落者树立正确的人生观、价值观，扛起坚定的信念，背上崇高的理想，雄起顽强的意志，酝酿良好的情绪和状态，养成良好的个性品质的"催化剂"。信心和勇气是抚慰自己心灵创伤的灵丹妙药，是精神财富中的"钻石"。所有正在经受失败和挫折的孩子们！你们要树立起信心和勇气的猎猎大旗，学会接受面前的失败、失落后，才能根据自己目前的具体情形，给自己来一个重新定位，寻求一个合理的、力所能及的奋斗目标。

心灵悄悄话

> 其实，经历风雨也是一种幸福，它会使我们愈加成熟、愈加自信，脚步更加稳健。

没有人能够使你倒下

一支地质勘探队正在向山里进发。这支队伍翻山越岭，已经走了几天了。

山里的路特别难走，山势陡峭，河流湍急。开始时，他们用马匹驮着设备和食品，但后来的路马已经无法通过，队员们只好把马留下。

路越来越窄，越来越陡。举目四望，四周峭壁林立，已经无路可走。

有一个年轻的勘探队员，叫萨沙，他仔细观察了一下说："我觉得这儿可以走过去。"

萨沙决定自己先试一试，队长勉强同意了。萨沙一个人艰难地往山上爬。过了一会儿，上面传来了他兴奋的喊声："你们都上来吧！上面的石头上有留言，有人曾从这里经过。"

所有的人都振作了起来。既然有人经过，那就是说，他们也能从这里走出去。

大家开始努力地往上爬，等众人都上来了，萨沙指着一块石头说："你们看，石头上有留言。"

大家一看，有一块大石头上果然写着：8 月 15 日到此。这是 5 天前的事，可到底是谁到过这儿呢？他为什么要到这儿来呢？不得而知。但不管怎么样，队员们看到石头上的留言，都很高兴，信心倍增。

之后的路虽然险象环生，但最后大家都胜利地登上了山顶。

几个小时后，勘探队终于到达了一个小村庄。队员们吃了晚饭，休息了一会儿，然后开始回忆这一天艰苦的行程。

山顶的留言到底是谁写的呢？大家又讨论起了这个问题。

这时萨沙不好意思地坦白说："留言是我写的，我是想让大家都能轻松地翻过那座山。"

当我们面对困难和挫折,最重要的是要有胜利的希望和信心,有希望、有信心,就有勇气;有勇气,就有力量克服困难。希望和信心是克服困难、勇敢前行最重要的法宝。相信自己,你才能有胜利的可能。

牧师罗伯特·H.舒勒在他的一本书中写道:"多年来,我反复向听众宣讲:任何傻瓜都能数出一个苹果有多少粒种子,然而只有上天才知晓一粒种子里面有多少个苹果。"

作为舒勒先生的一名听众,农场主安斯利·米勒对这句话深有体会,他给舒勒先生寄去了一封夹有一粒大豆种子的信。

他在信里写道:"舒勒先生,那是1977年,我种的庄稼几乎颗粒无收。那年天气特别糟糕,雨水太多。在10月的收获季节,我走在自家的地里,看着满目的稀稀落落的豆荚,走上去一捏,大多数都是瘪的,我感到心灰意冷。"

"就在那个时候,我猛然看见不远处有一株大豆特别显眼。我走过去,小心翼翼地摘下上面全部的豆荚。一共有202个,一个个看上去都硕大饱满。我把这些豆荚剥开,得到了503颗大豆。我把这些大豆带回家,整个冬天都放在一个平底罐里,让它们风干。

"第二年春天,那是对我有特殊意义的一个季节。我拿出那503粒大豆种子,撒在我家屋后的一小块地里。那年10月,那块地让我收获了32磅大豆!到了冬天,我又把种子全部晾干。

"1979年,我把那32磅大豆尽数种在一英亩的田里。那年10月,我总共收获了2409磅大豆。

"1980年春天,我将大豆种在一块69英亩的田里,那是我全部的土地。就在那年10月,那块地大获丰收,足足收获了8万多升大豆,卖了1.5万美元!

"舒勒先生,一株大豆,202个豆荚,503粒大豆,4年以后,变成了1.5万美元。还不错,不是吗?'任何傻瓜都能数出一个苹果有多少粒种子,然而只有上天才知晓一粒种子里面有多少个苹果。'一粒种子里面有多少个苹果?我知道了,我明白了。瞧,我给你寄一粒我收获的种子。"

不要小瞧任何微小的可能和机会,那里蕴藏着无限的希望和收获。

这个世界上，没有人能够使你倒下，如果你自己的信念还站立的话。无论你的处境有多么糟糕，也无论你遭受了多么沉重的打击，要始终坚信，黑暗是不能掩盖光明的。只要你心中那盏灯还亮着，你就不会倒下，你就有机会重新来过。

心灵悄悄话

你可以失败一百次，但你必须一百零一次燃起希望的火焰。人生真的是希望无敌。

拢住你的欲望

人生在世,不能没有欲望,就像大海不能不涨潮一样,这是一种自然规律。假如世人都没有欲望,就会对什么事情都不感兴趣,就会缺少热情、缺少投入、缺少追求,那将是多么苍白的生活画卷。问题的关键在于,人们如何把握住自己的欲望尺度。涨潮也有落潮时,不让欲望泛滥成灾,才是可取之举。

追求财富,占有金钱,本无可厚非。那么,富有到什么程度才算富有,占有多少金钱才算足够?这大概没有一个固定的统一标准。坦然的人生则要把握好欲望的"横"和"竖"两条线。

所谓"横"线是以自己的富有程度为起点画一条水平线,可以看出高于水平线和低于水平线的都大有人在。自己比上不足,比下有余,已经是较佳的位置了。因为生活是大海,浪高浪低纯属自然,正如人们的富有程度永远不可能都在一个水平线上一样。所谓"竖"线是以自己从前生活中的低点为起点画一条上升线,随着这条线上升可以十分清晰地表明自己生活水平逐步提高的程度,应该为此感到欣慰、充实并满足。

然而,生活中有许多人不想这么做。他们从来不蓦然回首,不和自己的从前比,而是一味地和别人攀比。于是,欲望的潮水只涨不落,而且一浪高过一浪。为了自己富有与享乐,不择手段地对待生活、对待他人,以至于让欲望的潮水冲开理智的大坝,危害社会,损害他人,也害了自己。很多时候,不是快乐离我们太远,而是我们根本不知道自己和快乐之间的距离;不是快乐太难,而是我们活得还不够简单。

在你少年时,行囊是空的,因此轻松,所以快乐。但之后的岁月,你一路捡拾,行囊渐渐装满了,因为沉重,所以快乐也就消失了。你以为装进去的都是好东西,可正是这些好东西,让你在斤斤计较中无法快乐。

对一个喜欢零食的孩子来说,买一座金山和买一包话梅的钱没什么区

别,所以孩子很容易快乐。

容易快乐的还有那些从不胡思乱想的动物。只要解决了吃饭问题,瑞士奶牛就会闲卧在阿尔卑斯山的斜坡上,一边享受温暖的阳光,一边慢条斯理地反刍。非洲草原上的狮子吃饱以后,即使羚羊从身边经过,也懒得抬一下眼皮。

一位作家非常赞赏瑞士奶牛和非洲狮子的生存哲学,他说,假如你的饭量是三个面包,那么你为第四个面包所做的一切努力都是愚蠢的。

其实,世间万物都有其自身规律,如同春华秋实一样不容违背。明智的人对富有顺其自然,能让欲望的潮水有涨有落,从不越位;愚昧的人对富有带有很强的野性,总想让欲望的潮水只涨不落,从不清醒。这两种心态的人都要在生活之树上采摘果实,有度者可能尝到多一些成功的甘甜,越位者则会尝到某些难咽的苦涩。

古今中外,莫不如此。

欲望适度则为利,欲望过度则为害。

曼谷的西郊有一座寺院,因为地处偏僻,香火一直不旺。原来的住持圆寂后,索提法师来到这里接替做新住持。

初来乍到,他绕着寺院巡视,发现寺院周围山坡上到处长满了灌木。那些灌木杂乱无章,树形恣意而张扬。

索提法师找了一把剪子,不时地去修剪一棵灌木,半年过去了!那棵灌木被修成了一个漂亮的圆球形状。僧侣们看到之后,疑惑不解。问住持,法师却笑而不答。

一天,寺院里来了一位衣衫光鲜、气宇不凡的客人。

寒暄让座之后,对方说自己无意路过此地,随便进来看看。法师很客气地陪客人四处游转,行走间,客人向法师请教了一个问题:"人怎样才能够清除自己的欲望?"

索提法师微微一笑,返身进入内室拿了一把剪子出来,对客人说:"施主,请跟我来。"

他把客人带到了灌木丛地,客人看到了法师修剪的那一棵成形的灌木。法师把剪子递给了客人,说道:"您只要经常像我这样地去修剪一棵灌木,您的欲望就会消除。"

客人接过剪子，走向一棵灌木，咔嚓咔嚓地剪了起来。

一壶茶的工夫过去了！法师问他感觉如何，客人笑了笑说："感觉身体舒展了很多，可是平日堵在心中的那些欲望好像并没有放下。"

法师颔首说："刚刚开始会是这样的，经常修剪就会好了！"

客人走的时候，和法师约定，他十天之后还会再来。法师不知道，这个人就是泰国享有盛名的珠宝大亨。近来，因为遇到了从未经历过的生意上的难题。

十天后，大亨来了！二十天后，大亨又来了！三个月后，大亨已经把那棵灌木修成了一只初具规模的鸟形。

法师问他："现在你是否懂得如何消除你的欲望了？"

大亨面带愧色地回答："可能是我太愚钝，每次修剪的时候，倒是能够气定神闲、心无杂念。可是，一从你这里离开，回到我的生活圈子之后，我的所有欲望依然会像往常那样冒出来。"

法师笑而不答。

当大亨的"鸟"完全成形之后，索提法师又向他问了同样的问题，他的回答依旧。

这次，法师对大亨说："施主，您知道当初我为什么建议让您修剪灌木吗？我只是希望您每次修剪前，都能够发现，原来剪去的部分又会重新长出来。就像我们人类的欲望，您别指望能够完全把它消除。我们能够做到的，就是尽力把它修剪得美观。放任欲望，它就会像满坡生长的灌木，丑陋不堪。但是，经常修剪，就能够成为一道亮丽悦目的风景。对于名利也是这样，只要取之有道，用之有道，利己惠人，它就不应该被看作心灵的枷锁。"

大亨恍然，此后，随着越来越多的香客的到来，寺院周围的灌木也一棵一棵地被修剪成各种形状。这里的香火渐渐旺盛起来，日益闻名。

心灵悄悄话

人生在世，不应让欲望的潮水冲开理智的大坝，只有这样，才能少走弯路，少流悔恨的泪水。清爽恬淡，笑对人生，也是一种高度的幸福……

心是快乐之根

据说,在终南山一带长着一种特殊的植物——快乐藤,任何人得到这种藤后,都会喜形于色,笑逐颜开,不知道烦恼为何物。

为了获得快乐,曾有一位年轻人不惜跋涉千山万水来到终南山,在历尽千辛万苦的搜寻后,他终于得到了这根藤,但结果并非像传说中的那样——他仍然不快乐。

这天晚上,他在山下的一位老人家里借宿,面对皎洁的月光,不由长吁短叹起来。

他问老人:"我已经得到了快乐藤,为什么却仍然不快乐呢?"

老人一听乐了,说:"其实快乐藤并非终南山才有,而是人人心中都有。只要你有快乐的的根,无论走到天涯海角都能够得到快乐。"

老人的话让年轻人耳目一新,他又问:"什么是快乐的根?"

老人说:"心是快乐的根。"

年轻人恍然大悟,最后笑了。

是啊! 人生一世,草木一秋,能够快快乐乐、开开心心地过一生,相信这是每个人心中的一个梦。但是要如何才能求得快乐呢?"心是快乐之根。"说得多好!

雨果说:"世界上最宽阔的是海洋,比海洋更宽阔的是天空,比天空更宽广的是人的心灵。"人心浩瀚,可以容纳许多许多,但如果我们的心灵总是被自私、贪婪、卑鄙、懒惰所笼罩,无论你是富甲天下还是位及至尊,也不可能求得快乐。但如果我们的心灵能不断得到坚韧、顽强、刻苦、纯朴之泉的灌溉,无论我们是一贫如洗位、卑如蚁,都可以求得快乐。

人生如水,去日苦多,在短短的人生之旅中,人人都有所求。有的人求子孙满堂,即得满足;有的人求福如东海,深感幸福;有的人求无上智慧,最是得意;有的人求万事如意,甚为欢喜。如果就表面来看,他们所求各不相

同,但万涓细流,汇聚成海,归根结底,他们所求的是一份快乐的心境。

我们没有华丽的别墅,没有名贵的豪车,没有显赫的地位,而我们却拥有一份快乐的心境、一个温馨的家;我们没有家财万贯,穿金戴银,却拥有着和睦礼让、互敬互爱的兄弟姐妹。爱弥漫在家的每个角落,尽管出生在普通的家庭,平凡的父母一直教导我们:勤勤恳恳做事,踏踏实实做人。

据传,唐代著名禅师慧宗一次要外出,临出门前,他把弟子找来,吩咐他们要好生看护好寺院里的数十盆兰花,弟子知道师父酷爱兰花。因此,每日细心有加,不敢怠慢。可是,一天夜里,突然下起了倾盆大雨,偏偏弟子们一时疏忽,将兰花遗忘在室外,惨遭风吹雨打,及至第二天早上才想起,兰花早已被大雨冲毁。几天后,禅师回到寺院,众弟子怀着忐忑不安的心情去迎候,准备受责罚,慧宗禅师得知原委,竟然泰然自若,宽慰弟子说:"当初我因为快乐才种兰花的,如果我责罚你们,我不快乐,你们也不快乐,那么我种兰花有什么意义呢?"这一看似平淡的话,让弟子们如释重负,心情豁然开朗。

心灵情情话

我们很渺小,但我们有我们存在的价值;我们很普通,但我们的心灵却满载着生活的温情与人生的快乐。朋友,敞开你的胸怀吧,你会发现,你也会拥有无边的快乐与幸福。

第十三篇

做一个知足的人

有些人一生都在苦苦追求,却一生都感觉不到幸福;有些人从未刻意地追求幸福,却时刻品尝着幸福。其实幸福只是一种感觉……越简单越幸福,心像开满花的树,爱就在我们身边,难道不是吗?人生活在这世上,欲望越多,负累也就越多,所以要放下过多的欲望。人生,真的别太复杂;生活,真的可以如此简单。

每个人的人生都不相同,我们的感悟也各不相同。但人的经历就是人生的矿石,生命的活力在提炼中释放。经历是体验,没有体验就没有生存的质量;经历就是积淀,没有积淀,就没有生存的智慧。

知足常乐

当代大学者钱钟书,终生淡泊名利,甘于寂寞。他谢绝所有新闻媒体的采访,中央电视台《东方之子》栏目的记者,曾千方百计想冲破钱钟书的防线,最后还是不无遗憾地对全国观众宣告:钱钟书先生坚决不接受采访,我们只能尊重他的意见。

20世纪80年代,美国著名的普林斯顿大学,特邀钱钟书去讲学,每周只需钱钟书讲40分钟课,一共只讲12次,酬金16万美元。食宿全包,可带夫人同往。待遇如此丰厚,可是钱钟书却拒绝了。

他的著名小说《围城》发表以后,不仅在国内引起轰动,而且在国外反响也很大。新闻和文学界有很多人想见见他,一睹他的风采,都遭他的婉拒。有一位布什国女士打电话,说她读了《围城》之后迫切想见他。钱钟书再三婉拒,她仍然执意要见。

钱钟书幽默地对她说:"如果你吃了个鸡蛋觉得不错,何必要一定认识那只下蛋的母鸡呢?"

1991年报11月钱钟书80华诞的前夕,家中电话不断,亲朋好友、学者名人、机关团体纷纷要给他祝寿,中国社会科学院要为他开祝寿会、学术讨论会,钱钟书一概坚辞。

快乐是人类社会众望所归的最高境界。

所谓"君子之交淡如水"。一个把名缰利锁看得太重的人,注定是不快乐的。

快乐就是看淡尘世的物欲、烦恼,不慕荣利。假如你喜欢武侠小说,你没有必要愧对《红楼梦》;假如你喜欢的人突然销声匿迹,你没有必要寻死觅活地断言他一定洒脱地离去;假如你的朋友不幸,你没有必要怨天尤人;假如你已经心力交瘁,那就去教堂忏悔,没有必要仇视别人的平庸;坦然面对

心融神会,快乐就在你心里。

能把名利得失置之度外,而凡事都能以诚相待的人一生将是快乐的。我们应从平淡的生活中去提炼体会,如赤诚待人的那种快乐。低待遇下一如既往工作的快乐,助人为乐、一介不取的快乐,一片至诚去感化恶人的快乐,热心被人误解依然如故的快乐,以信实可靠的服务态度为目的的快乐,尽责任、吃苦耐劳的快乐,因为这些"快乐"能保持住人内心的快乐,使人的容貌永远那么牵挂。一句亲切的问候,甚至一个关切的眼神,快乐无处不有,唯有胸襟开阔的人,才能体会到。

形单影只的人仍然可以享受着闲情逸致的快乐。乐山乐水各不相同。爱静的人可以看书、听音乐、上网、写作、画画、搜集各种收藏品,而爱动的人则不妨练习舞蹈、慢跑、爬山、游泳。看电影、上健身房,做编织、陶艺,练瑜伽、潜心发明、闭门创作,摄影、观鸟,我们仍然兴复不浅,乐不可支。

人生苦短,岁月如流,乐天知命,为什么不乐乐陶陶的?

为什么要疾首蹙额,为眼前一时的顿挫心胆俱碎?

为什么要对那些你看不惯的人和事心烦意乱?

岂不知我们都是尘世间相映成趣的战友。

人世一切冤天屈地、无妄之灾、荣华富贵、香娇玉嫩……都将随身亡命殒。

而人生长着百年,短则数十寒暑,又有何值得耀武扬威的,不过是烟云过眼矣?

人生如月,月满则亏,凡事岂能尽如人意,但求于心无愧。

芸芸众生,绿水青山,名胜古迹,敞开心胸,便会云蒸霞蔚,快乐将永远伴随着你!

居里夫妇都是世界上知名的科学家,居里夫人是世界上唯一两次获得诺贝尔奖的女科学家,但他们生活俭朴,不求名利。

各种勋章、奖章是荣誉的象征,或许多人梦寐以求的宝物,可居里夫妇视之如废物。1902 年,居里先生收到了法兰西共和国大学理学院的通知,说是将向部里提出申请,颁发给他荣誉勋章,以表彰他在科学上的贡献,务请他不要拒绝接受。

居里和夫人商量以后,写了一封回信:"请代向部长先生,表示我的谢

意。并请转告,我对勋章没有丝毫兴趣,我只亟须一个实验室。"

居里夫人的一位朋友应邀到她家做客,进屋后看见居里夫人的小女儿正在玩弄英国皇家协会刚刚授予居里夫人的一枚金质奖章,惊讶地说:"这枚体现极高荣誉的金质奖章,能得到它是极不容易的,怎么能够让孩子玩呢?"居里夫人却说:"就是要让孩子从小知道荣誉这东西,只是玩具而已,只能玩玩,绝不可以太看重它,如果永远守着它,就不会有出息。"居里夫妇,重视事业,淡泊名利。

心灵悄悄话

> 无愧我心,则恩同再造,那些得失又算不了什么。世界上没有完美无缺的事物,所以奉劝多愁善感的朋友,饮醇自醉,快乐起来吧!

人生别太复杂

漫漫人生路，我们拼搏过，我们失落过，我们笑过，我们哭过，我们怦然心动过，我们黯然伤神过。

体验自己的生活，记下我们一直在追寻什么？我们的人生得到了什么？又正在失去什么？

生活在这个纷繁的世界，面对紧张的工作，面对微妙的人际关系，我们除了觉得太累以外，更多的感慨就是，这社会、这生活、这人与人之间实在是过于复杂。

有时候，会感觉活在这个世界上，就像走在沙漠中迷失方向一样迷茫，孤单无助。又觉得人生如棋局，一子错了而满盘皆输。但更多的还应该是自己于万千红尘中不停地奔波，劳碌着，疲惫着，为的是一种理想的生活，一种活着的生命质量。真是快乐而痛苦地活着。

每个人的人生都不相同，我们的感悟也各不相同。但人的经历就是人生的矿石，生命的活力在提炼中释放。经历是体验，没有体验就没有生存的质量；经历就是积淀，没有积淀，就没有生存的智慧。所以，人生的真谛在经历中探寻，人生的价值在经历中实现。

我们不是哲学家，能从一滴水中看世界；也不是一位禅者，能从一朵花中参悟人生。但短暂的生命历程中，处处留心皆学问，点点滴滴见真知。

一滴水珠，蕴藏着浩瀚的大海。一个故事，孕育着博大的智慧。生活中，许多事就像一张窗户纸，在没有捅破之前，每个人犹如被蒙上双眼，使自己瞬间进入一个无知而迷茫的世界，我们心中唯一渴望和感觉到的，是想有一双能够紧紧握住的手。当有人轻轻地告诉我们方向时，我们又会若有所悟，不再担忧。

因为复杂，我们怕被欺骗，怕被伤害，怕自己失去得太多。因为复杂，我们贪婪，我们想要拥有，我们绞尽脑汁，甚至不择手段地争取不劳而获。其实,我们的世界原本简单,只是人们复杂的思想把这个社会变得恐怖、变得无奈、变得唯利是图。

这个世界原本简单,复杂的只是我们自己。因为复杂,我们变得唯唯诺诺、谨谨慎慎,甚至伤痕累累,让我们感觉到人生在世越来越累。因为复杂,我们变得只会恭维、只会拍马、只会抱怨、只会无奈,使我们把自己束缚得更紧更紧。因为复杂,我们丢失了坦荡、丢失了诚信,丢失了曾视为生命的自尊和本性。

大多数的烦恼都是我们自己给的,所以,让我们自己别太复杂!只要我们的心灵简单得如一泓清水,我们就会没有很多的烦恼,没有很多的戒备;我们就不会再钩心斗角、尔虞我诈;我们就会如释重负、潇潇洒洒。

心灵的弹性,唯有靠感悟去保持,多点感悟,多点感动,多点成功。简单的事情,可以让我们人生懂得许多,让我们学会用坦诚而简单的心灵去面对世界。

所有的心灵都渴望解放,让我们别太复杂!远离尘世的喧嚣,远离所谓的一切现代化,在那里虽然只是过着简单的生活,但却能朝闻百鸟歌唱,暮听秋虫低吟,心中的那份惬意、那份坦然、那份宁静,真的无法言表,就会有种乐不思蜀的感觉。

有的东西我们再喜欢也不会属于我们,有的东西我们再留恋也注定要放弃。

人生中有许多种爱,但别让爱成为一种伤害!有些人,我们原本以为可以见面的;有些事,我们原本以为可以一直继续的。然后,也许在我们转身的那个刹那,有些人,我们就再也见不到了。当太阳落下,又升起来的时候,一切都变了,一不小心就再也回不去了。

人复杂、心情复杂,所有的一切都不是我们人生想要的。衷心希望我们身边的人不要戴着面具生活,希望人生不要有钩心斗角,可这不可能。无奈还是无奈,就让它随风而去吧。

所有的心灵都渴望解放,让我们别太复杂!不同的人对幸福的解释也不尽相同,在我的心里越简单越幸福。幸福的生活就是这么简单,有自己最爱的家人,这是我们人生最大的财富。他们是我们一生的幸福,不需要任何东西来修饰。我们都会觉得人生真的很幸福。

有些人一生都在苦苦追求,却一生都感觉不到幸福;有些人从未刻意地

追求幸福,却时刻品尝着幸福。其实幸福只是一种感觉……越简单越幸福,心像开满花的树,爱就在我们身边,难道不是吗?人生活在这世上,欲望越多,负累也就越多,所以要放下过多的欲望。人生,真的别太复杂;生活,真的可以如此简单。

心灵悄悄话

人不能过于复杂,我们的世界原本简单,只是人们复杂的思想把这个社会变得恐怖、变得无奈、变得唯利是图。是因为一个过于复杂的思想,往往会把一些正常而简单的事情变得更加复杂。

心指的方向就是幸福的方向

一个老师给他的学生们讲了个故事：

有一位昆虫学家和他的商人朋友一起在公园里散步、聊天。忽然,他停住了脚步,好像听到了什么。

"怎么啦?"他的商人朋友问他。

昆虫学家惊喜地叫了起来:"听到了吗? 一只蟋蟀的鸣叫,而且绝对是一只上品的大蟋蟀。"

商人朋友很费劲地侧着耳朵听了好久,无可奈何地回答:"我什么也没听到!"

"你等着。"昆虫学家一边说,一边向附近的树林小跑了过去。

不久,他便找到了一只大个头的蟋蟀,回来告诉他的朋友:"看见没有? 一只白牙紫金大翅蟋蟀,这可是一只大将级的蟋蟀哟! 怎么样,我没有听错吧?"

"是的,您没有听错。"商人莫名其妙地问昆虫学家:"您不仅听出了蟋蟀的鸣叫,而且听出了蟋蟀的品种——可您是怎么听出来的呢?"

昆虫学家回答:"个头大的蟋蟀叫声缓慢,有时几个小时就叫两三声。小蟋蟀叫声频率快,叫得也勤。黑色、紫色、红色、黄色等各种颜色的蟋蟀叫声都各不相同,比如,黄蟋蟀的鸣叫声里带有金属声。所有鸣叫声只有极其细微,甚至言语难以形容的差别,你必须用心才能分辨得出来。"

他们一边说,一边离开了公园,走在马路边热闹的人行道上。忽然,商人也停住了脚步,弯腰拾起一枚掉在地上的硬币。而昆虫学家依然大踏步地向前走着,丝毫没有听见硬币的落地之声。

"这个故事说明了什么道理呢?"老师问。

大家都在思考,没有人回答。

等了一会儿,老师自己给出了答案:"昆虫学家的心在虫子们那里,所以

他听得见蟋蟀的鸣叫。商人的心在钱那里，所以他听得见硬币的响声。

这个故事说明，你的心在哪里，你的幸福就在哪里。你的心所指的方向才是幸福的方向，幸福需要用心去浇灌。

一生的时间，本不漫长。甚至一生中的每一天，我们都毫无办法停留下脚步，哪怕只有一秒。只觉得自己在时间的脚步声中，渐渐长大、渐渐成熟，当然，也在渐渐临近死亡。其实这并非是一种灰色的心情，我反而觉得，能够更早地意识到这点而又不忌讳，是可以让自己在时间的紧迫中以一种更高昂的姿态来更好地享受生活。

相信在生活中，每个人无时无刻不在期望着获得一份信奉的感觉。那是寒冬里的一缕阳光，是孤单寂寞时的一丝暖意，也是疲惫累倦时的动力与支点。

而现实中的生活总不免会有些这样或那样让人失望而伤心的事情，也总是无法让每一个人都十全十美。而且不论我们如何不满、如何抱怨，事实终究是这样了。

其实无论痛楚也好、伤心也罢，生活还得继续，快乐和幸福还得继续。千万不要轻易怀疑自己的价值倾向，如果你觉得自己受到了伤害，那只能说明你还没找到真正属于自己的幸福方向。我们不妨试着让自己去忽略那份伤害的感觉，然后在事情存在的过程中，转一下感受它的方向。这时，你一定会惊讶地发现，原来在伤害里，我们竟然也同样可以收获一种幸福，而这份幸福，才是真正属于你的。

心灵悄悄话

如果左边不是幸福的方向，转一转，幸福原来在右边！

人生是一种承受

人生是一种承受，需要学会支撑。支撑事业、支撑家庭，甚至支撑起整个社会，有支撑就一定会有承受，支撑起多少重量，就要承受多大压力。从某种意义上说，生活本身就是一种承受。

承受痛苦

痛苦就人生而言，常常扮演着不速之客的角色，往往不请自到，有些痛苦来得温柔，如同漫漫降临的黄昏，在不知不觉间你会感到冰冷和黑暗；有些痛苦来得突然，如同一阵骤雨、一阵怒涛，让我们来不及防范；当我们屈服于痛苦的时候，它可能使我们沮丧、潦倒，甚至在绝望中走向灭亡。当我们承受了痛苦，我们就会变得坚强自信，那么，此时痛苦就变成了一笔无价的财富。

承受幸福

幸福需要享受，但有时候，幸福也会轻而易举地击败一个人。当幸福突然来临的时候，人们往往会被幸福的旋涡淹没，从幸福的颠峰上跌落下来。承受幸福，就是要珍视幸福而不是一味地沉溺其中，如同面对一坛陈年老酒，一饮而尽往往会烂醉如泥、不省人事，只有细品慢咽，才会品出真正的香醇甜美。

承受平淡

人生中，除了幸福和痛苦，平淡占据了我们生活的大部分生活。承受平淡，同样需要一份坚韧和耐心，平淡如同一杯清茶，点缀着生活的宁静和温馨。在平淡的生活中，我们需要承受淡淡的孤寂与失落，承受挥之不去的枯燥与沉寂，还要承受遥遥无期的等待与无奈。

承受孤独

承受孤独会使我们倍加珍惜友谊；承受失败，会使我们的信心更加坚定

与深厚;承受责任,会使我们体会到诚实与崇高;承受爱情,则会使我们心灵更臻充盈、完美。当我们终于学会心平气和地去承受时,那么,我们的人生就达到了一定的高度。

心灵悄悄话

生命是一条湍急的河流,在短暂的流逝中我们曾遇到过大坝,遇到过泥沙,抑或是暴风骤雨,这些障碍与困难、磨砺与痛楚或许会成为我们心中的暗礁。可是,当我们勇敢地面对时就会发现,那些曾经的伤疤会让我们生命的河流,流得更宽、更远,更加清澈无比。